U0159991

清代室内环境营造研究

李瑞君 著

中国建筑工业出版社

图书在版编目（CIP）数据

清代室内环境营造研究／李瑞君著. —北京：中国建筑工业出版社，2020.7
ISBN 978-7-112-25076-9

Ⅰ. ①清… Ⅱ. ①李… Ⅲ. ①古建筑-室内装饰设计-环境设计-研究-中国-清代 Ⅳ. ①TU-092.49

中国版本图书馆CIP数据核字（2020）第076371号

责任编辑：徐明怡
版式设计：锋尚设计
责任校对：李美娜

清代室内环境营造研究
李瑞君　著
*
中国建筑工业出版社出版、发行（北京海淀三里河路9号）
各地新华书店、建筑书店经销
北京锋尚制版有限公司制版
北京中科印刷有限公司印刷
*
开本：889毫米×1194毫米　1/20　印张：13⅕　字数：228千字
2020年10月第一版　2020年10月第一次印刷
定价：**48.00**元
ISBN 978-7-112-25076-9
（35871）

前　言

清代室内环境营造是中国古代室内环境营造历史上现象最为复杂的阶段，也是最为鼎盛的时期。清代是中国古代室内环境营造历史上一个集过去之大成，而且酝酿着新的转机的时期。

清代室内环境营造取得的成就具体表现为：在营造技术和加工工艺方面，发展前朝技艺，吸纳外来技术，营造技艺高度发达；在室内空间和功能布局方面，室内空间的形态愈加丰富和复杂，分隔和营造空间的方式更为多样；在结构和材料上，结构上更加简单和实用，用材上更为讲究和多样；在家具和陈设品方面，类型多样繁杂，制作工艺异常发达，陈设艺术与装修一起形成艺术综合体；室内环境中更加强调营造的整体意识和人文关怀。

康熙到乾隆年间，清朝与国外的交往比较多，西方文化影响到清代室内环境的营造，不仅给清代图案带来了西方的装饰题材，使之具有洛可可风格的特点，而且朝廷开始修建西洋式建筑。西洋建筑风格对商埠城市建筑室内环境营造的影响就更为巨大。晚清时期，由于受到西方文化的冲击和影响，使中国的室内环境营造呈现出非线性发展的态势，开始了其发展历程上的“转型”。处于转型初期的清末是中国建筑室内环境营造发展历史中承上启下、中西交汇、新旧接替的阶段。一方面是中国传统建筑文化和技艺的继承和发展，另一方面是西方外来建筑文化和技术的吸纳和传播，这两种营造活动的互相作用（碰撞、交叉和融合），使中国清末时期的建筑进入到一种错综复杂的时空，建筑现象比同时期其他任何一个国家都要丰富和复杂得多，中国室内环境营造呈现出一个多元化的局面。清代室内环境营造在多样化的实践和探索中走向了集成，并在外来因素的影响和激发下开始了转型。

清代建筑室内环境营造在整体风格上是华美与繁缛，室内环境营造的形式出现了装饰化、精致化、世俗化、程式化和奢侈化等多种表象。

本书致力于对清代室内环境营造的整体面貌进行研究，揭示出清代室内环境营造的特征和发展特点，重新审视我们对待传统的态度，以期对当下“现代化”背景下设计不断趋同的困境有所启示：我们应该以一种开放的态度对待自己的传统文化和包括西方文化在内的异族文化，以动态的观点看待过去、现代和未来。

目 录

前言

第1章 绪论 001

1.1 研究的意义 001

1.2 研究对象 004

1.3 研究方法 008

1.4 研究的特点 011

第2章 限制与拓进——清代室内环境营造的影响因素 013

2.1 营造的等级制度 015

2.2 室内环境营造的管理 018

2.3 清代建筑的营造技术 021

第3章 绚烂与式微——清代室内环境营造的衍化 036

3.1 从清承明绪到参金酌汉——清式风格形成期 038

3.2 从平淡简素到浮华绚烂——走向烦琐期 043

3.3 从因循守旧到崇慕洋风——外来影响期 054

第4章 复杂与多样——清代室内环境营造的空间形态 068

4.1 清代室内空间的类型 069

4.2 清代室内空间的特征 078

4.3 清代室内空间的分隔手法 094

第 5 章　得体与相宜——清代的室内陈设艺术 110
5.1 陈设艺术的类型 110
5.2 陈设格局 139
5.3 陈设艺术设计与室内装修 142
5.4 陈设艺术的特征 143

第 6 章　延续与变异——清代的家具艺术 150
6.1 明式家具的延续和变异 150
6.2 清式家具的类型 155
6.3 清式家具的风格特征 172
6.4 清式家具的装饰特征 177
6.5 清式家具设计的配套意识 179

第 7 章　浮华与入微——清代室内环境营造的特征 181
7.1 装修的装饰化 181
7.2 装饰形式的程式化 192
7.3 精致与繁缛 196
7.4 华美与世俗 200
7.5 室内环境营造的整体意识 204
7.6 室内环境营造的人文关怀 207

第 8 章　风行与失色——清代时期欧洲室内环境营造中的中国趣味 214
8.1 中国趣味的概念 214
8.2 中国趣味的缘起 216
8.3 中国趣味的传播 218
8.4 洛可可与中国趣味 224
8.5 欧洲室内环境营造中的中国趣味 226
8.6 中国趣味的式微 234

第 9 章　结语......236
9.1 历史成就的集成......236
9.2 装饰形式的程式化......237
9.3 过度装饰......239
9.4 营造中的人文关怀......239
9.5 传统营造的延续和转型......240
9.6 启示......242

参考文献......247

后记......256

第 1 章

绪论

清代作为中国封建社会的殿军，是封建文化的集大成者。清王朝建立后，经过一段时期的恢复和建设，清中期达到经济发展的高峰，手工技艺的发展达到前所未有的高度，建筑营造和装修技术取得很大的进步，建筑上取得封建社会的最高成就。清代是中国建筑和艺术设计发展的高潮期，是中国建筑历史和艺术设计发展史上一个极其重要的时期。

1.1 研究的意义

“在人们对建筑形式和室内空间形式、陈设艺术、装饰艺术等审美标准的演进中，出现过经久不衰的经典样式，也出现过缤纷多彩、转瞬即逝的众多潮流派别。尽管它们展现、存在的时间不同，表现形式各异，但是相同点是明显的，就是它们都受到社会经济发展的直接影响，也同时受到当时文化背景的制约。它们都是随历史潮流而动的文化现象，都是社会发展到一定阶段的产物。”[1] 清代的室内环境营造和陈设艺术有着自己独特的发展历史和鲜明的特点。它既是清代建筑艺术的产物，又是中国文化和艺术设计的产物。室内环境营造与建筑是分不开的，它既可以作为建筑的一部分，又具有其独立的意义。作为一门独立的艺术设计门类，室内环境营造所包含的面很广，涉及的品物众多，除室内装修的具体工程外，还包括家具及其他器物的陈设和配置，如屏风、隔扇、罩、帘、家具、灯具，以及其他各种类型的陈设品等。此外，它从一个侧面表现和反映着一个时代或一个群体的文化和修养，及审美趣味。室内环境营造又是一面历史的镜子，能够折射出不同时代中国文化和艺术的大千风貌（图1-1）。

1. 张绮曼. 室内设计的风格样式与流派（第2版）[M]. 北京：中国建筑工业出版社，2006. 第2页.

图1-1　清光绪吴友如绘《山海志奇图·三眼兽》
（图片来源：陈同滨，吴东，越乡. 中国古典建筑［M］. 北京：今日中国出版社，1995. 第904页.）

清代是工艺品、陈设品等器物设计和制作全面发展的时期，室内陈设的丰富性和艺术性，以前的历朝历代都无法与之相提并论，如玻璃器皿、珐琅器、竹雕、牙雕、钟表等（图1-2、图1-3）。乾隆时期在清宫造办处内设立画院处，在圆明园专设如意馆，清宫有了真正相对独立的画院，画家的人数和规模空前。集中了全国工艺品和器物制作方面的能工巧匠，设计并制作宫廷建筑内檐装修及陈设工艺品。郎世宁[1]、艾启蒙[2]、冷枚[3]、安德义[4]、丁观鹏[5]等一大批中外画家及工艺品制作者皆供职其间。如意馆的作品融汇了南北风格、中西流派，对清代建筑室内环境营造产生了很大影响。

清代室内环境营造的研究国内仍处于空白，至今没有一部像样的理论研究著作，因此对该阶段室内环境营造发展的梳理和研究就显得尤为

1. 郎世宁（Giuseppe Castiglione，1688–1766），字若瑟，意大利籍的中国宫廷画家兼建筑家。出生于意大利米兰，青年时期在卡洛科纳拉学习绘画与建筑。1707年左右加入了热那亚耶稣会。康熙五十四年（1715）来北京传教，擅长以西洋写实画风描绘花鸟、走兽、人物，尤工画马。作为建筑家，他参与了圆明园建筑工程。乾隆三十一年（1766）在北京去世。

2. 艾启蒙（Jgnatius Sickeltart，1708–1780），字醒庵，生于波西米亚，天主教耶稣会传教士，乾隆十年（1745）来中国，从郎世宁学画，得郎氏指授，使西法中用，很快受到清廷重视，诏入内廷供奉。工人物、走兽、翎毛，与郎世宁、王致诚、安德义合称四洋画家，形成新体画风，对当时宫廷绘画有一定影响。乾隆二十年（1755）曾制作紫光阁武功图中《准噶尔战功图》；乾隆三十六年（1771）孝圣皇后八旬万寿，命绘《香山九老图》，著录于《国朝院画录》；乾隆三十七年《十骏图》。传世作品有乾隆三十八年（1773）作《宝吉骝图》轴，绢本，设色，现均藏故宫博物院。

3. 冷枚（生卒年不详），字吉臣，号金门画师，山东胶县人。宫廷画家焦秉贞弟子，善画人物、界画，尤精仕女。得力于西法写生，工中带写，典丽妍雅，颇得师传。供奉画院，康熙五十六年（1717）参加《万寿盛典图》卷制作（总裁为王原祁）。传世作品有康熙四十二年（1703）仿仇英《汉宫春晓图》，雍正三年（1725）作《九思图》轴，山东省博物馆还藏有他另一幅《麻姑献寿图》。这幅《麻姑献寿图》，应作于雍正九年（1731）正月。冷枚供奉画院经历了康、雍、乾三代皇帝，且为圆明园奉旨作画多年，直至1738年尚在世。

4. 安德义（Joannes Damascenus Saslusti，？–1781），意大利罗马人，欧洲奥斯汀会的传教士，于乾隆二十七年（1762）进入宫廷供职，大约在乾隆三十八年（1773）离开了宫廷，任天主教的北京主教，乾隆四十六年卒于北京。安德义擅长画人物，但未发现有他署名的独幅作品，现仅知道与郎世宁、艾启蒙、王致诚等共同起稿《乾隆平定准部回部战图》铜版组画中的“库陇癸之战”“拔达山汗纳款”“郊劳回部成功诸将”“伊西尔库乐淖尔之战”等图的稿本出自他的手笔。

图1-2　黄地套五彩玻璃瓶
（图片来源：杨伯达. 中国美术全集·卷45·工艺美术编——金属玻璃珐琅器［M］. 北京：文物出版社，1988. 第154页.）

图1-3　掐丝珐琅方罍
（图片来源：杨伯达. 中国美术全集·卷45·工艺美术编——金属玻璃珐琅器［M］. 北京：文物出版社，1988. 第208页.）

重要。

清代室内环境营造文化独具个性特色，而且是一个具有实践性和功能性的文化体系，有其多元的构成要素和文化特色，这种文化形成的原因众多而且复杂。因此，本书不仅局限在厘清中国清代室内环境营造的发展脉络，在深度和广度上也更进一步，充分吸收中国近现代和当代建筑领域已经取得的研究成果，发掘清代室内环境营造在艺术和文化上的内涵。在理论上，该研究填补了国内该领域的空白，从而增强了中国传统建筑室内环境营造的整体性和连贯性；在实践上，清代室内环境营造的整体性研究和总结有助于指导当下的室内设计，进而促进传统文化的延续和发展。

室内环境营造的本质特征、物质风貌、文化内涵、技术材料等方面在清代都达到了中国古典时期的高峰并在清晚期开始了“转型”，对于

（接上页）
5. 丁观鹏（？ −1711后），北京人。擅长画道释人物、山水，尤擅仙佛、神像，以宋人为法，不尚奇诡，学明代的丁云鹏笔法，画风工整细致，受到欧洲绘画的影响。雍正四年（1726）进入宫廷为画院处行走，是雍正、乾隆朝画院中的高手，与唐岱、郎世宁、张宗苍、金廷标齐名。在宫廷画院50年左右，作品近200件。代表作品有《法界源流图》《乞巧图》《无量寿佛图》《宝相观音图》《说法图》。

激发清代室内环境营造发展创新和转型的社会、技术和文化等方面的动因，都具有不容忽视的重大研究价值。

因此对清代室内环境营造的研究，不但要关注构成其本体的宏观（时代背景、发展演变和风格特征）、中观（空间和形式）、微观（家具和陈设艺术）三个层面，同时还要关注它背后的社会、经济、文化、技术、心理等多方面的因素，以及它们之间的相互影响，力求全方位地揭示出清代室内环境营造的真实历史面目，多方面、多层次、多角度地展现清代室内环境营造的风貌。

1.2 研究对象

就研究范围而言，本书是对清代室内环境营造的发展特点和艺术特征的研究，具体涉及研究对象的概念厘定如下：

1.2.1 清代

目前在各个领域从事清代政治、经济、社会、文化、设计等层面的研究，不论中外，大多以正史上清王朝定鼎中原的顺治元年（1644）为起始。但关于清代时期的断代，我国史学界一般认为早期应该从清太祖，即明万历二十六年（1598），至清覆，即宣统三年（1911）。

清代自顺治元年（1644）始，历经十帝，至宣统三年（1911）辛亥革命，清帝逊位为止，共计统治中国268年。但这二百多年间的历史变化及建筑事业的演进是十分巨大的，而且极富特色，是了解中国古代演变为近代历史的重要环节，而且遗存的建筑实物众多，内容丰富，可视性强，亦是研究建筑物质文化发展历史必不可少的资料。可以说，今天人们心目中的中国传统建筑艺术形象，大部分是从清代建筑中获得的。继承和发展是清代室内环境营造的主要特征。清代室内环境营造集中国古典建筑室内环境营造艺术之大成，达到了中国古典风格室内环境营造的顶峰。但从1840年开始，中国传统的建筑与室内环境营造风格在西方室内环境营造文化和思想意识观念，以及营造技术的冲击与推动下，开始步入近现代的历史发展进程，进入室内环境营造的转型阶段。

在本书的研究中，笔者将清代室内环境营造历史分为清式风格形成期、走向烦琐期（风格成熟期）、外来影响期三个时期。清式风格形成期包括太祖、圣祖、世宗三代，即明万历二十六年（1598）至清雍正十三年（1735）；走向烦琐期包括高宗和仁宗两代，即乾隆元年（1736）至嘉庆二十五年（1820）；外来影响期自宣宗至清覆而终，即道光元年（1821）至宣统三年（1911）。

清式风格形成期继承明代室内环境营造的传统，对满族、蒙古族、藏族等民族的文化吸纳和融合有所完善和发展，逐渐形成了清代室内环境营造的风格。走向烦琐期在已经形成的清式风格的基础上高度发展，进入到清式风格的成熟阶段并开始走向烦琐。这一时期，营造技艺精湛，造型与装饰丰富多彩，达到历史高峰。中国工艺美术品，如陶瓷、丝绸、家具等被大量销往国外，中式家具、园林建筑、丝绸等在西方成为一时流行的时尚，并对欧洲巴洛克、洛可可艺术风格的形式产生影响。同时，西方文化也影响中国的工艺美术，给清代装饰纹样带来了西方的装饰题材和特征，清代的装饰开始具有洛可可风格的特点（图1-4、图1-5、图1-6）。嘉庆时期，室内环境营造偏重于装饰，走向极致，片面追求工艺手段的难能与奇巧，虽然工艺技术取得较高的成就，但装饰繁缛堆砌，格调不高，总体上呈现衰落的趋势。而外来影响期的室内环境营造缺乏创造，只是竭力对前代和西方进行模仿或复制。慈禧太后的审美趣味——偏爱“敞亮”的空间、喜欢复杂的装饰纹饰、追求装饰主题的寓意等在很大程度上决定了这一时期宫廷室内环境营造的方向。1900年以后，中国政局发生巨变，清廷于1901年在流亡之地西安宣布变法，实行新政。自此，学习西方成为中国社会的一种潮流，这种潮流由初期的试探性学习发展到全盘西化式的学习。这一时期西方复古主义和折中主义建筑的克隆与传播成为中国建筑室内营造发展的主流趋势，这一发展

图1-4　竹丝缠枝番莲圆盒多宝格—圆形筒
（图片来源：吴美凤. 盛清家具形制流变研究［M］. 北京：紫禁城出版社，2007. 第216页.）

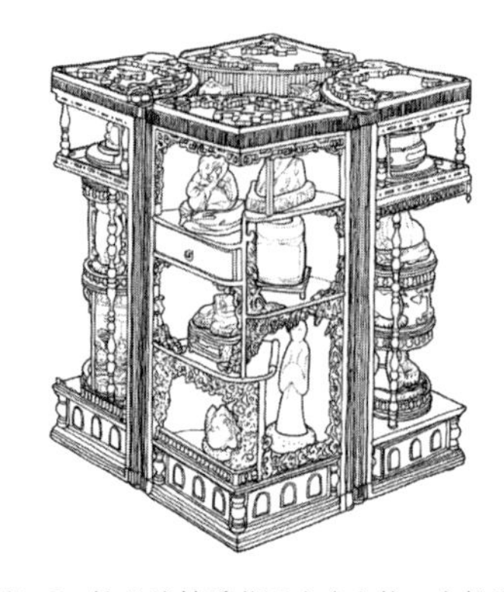

图1-5　竹丝缠枝番莲圆盒多宝格—方柱形
（图片来源：吴美凤. 盛清家具形制流变研究［M］. 北京：紫禁城出版社，2007. 第216页.）

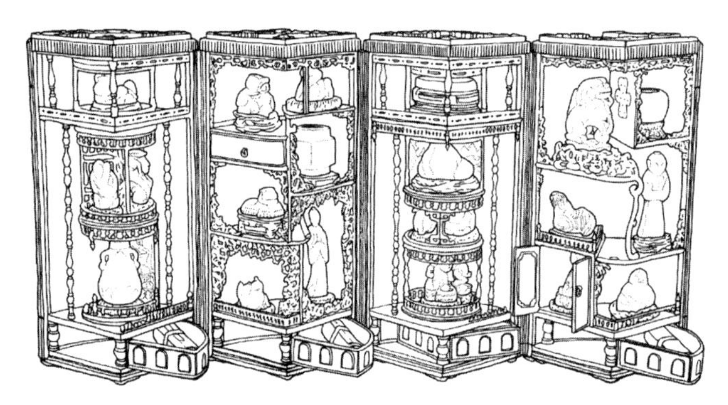

图1-6　竹丝缠枝番莲圆盒多宝格——字排开形
（图片来源：吴美凤. 盛清家具形制流变研究［M］. 北京：紫禁城出版社，2007. 第216页.）

趋势也波及中国近代边缘城市（图1-7）。同时肇始了中国建筑在专业学科方面的现代化。

历史的发展是延续的，历史研究绝不应该是孤立和片段的，而是“骑在前人的肩膀上”，对发生在一个特定历史阶段中的事件和问题的研究，在“左顾右盼”的同时必然要“瞻前顾后”。本书中笔者借鉴黄仁宇先生在《万历十五年》中使用的研究方法，除了对清代的室内环境营造给以足够的关注外，同时必然会向明代、民国两端延伸。

图1-7　上海汇中饭店底层餐厅（1906）
（图片来源：蔡育天，钟永钧. 回眸——上海优秀近现代保护建筑［M］. 上海：上海人民出版社，2001. 第74页.）

1.2.2 清代室内环境营造

就研究的对象而言，本书是对清代建筑室内环境营造发展的社会背景、构成要素、形式特征、建筑营造技术、工艺和设计思想等的研究，对清代建筑室内环境营造的发展历程和相关现象进行系统的梳理、归纳和分析，并对清代室内环境营造的时代特征和艺术特点进行总结。

“室内”的概念在中国的传统建筑中较为模糊，内外空间虚实相生、相互渗透是中国传统建筑空间的主要特征，如清代时期室内空间“堂”是开放的，“堂”与“堂”的门分置而形成院落，“院落”是“堂”的延展，这与老子“虚实相生”宇宙思想有关，也是传统建筑空间的特点。在研究中国传统建筑的室内空间设计时，也要关注院落的“前厅”“中厅”和“后院”。

“室内设计”的概念在清代时期并未出现，因此本书中以“室内环境营造”一词代之。“室内环境营造”比“室内设计”一词含义更为全面，它包含设计（营）和建造（造）两个方面的意思。在北宋的《营造法式》中已经有“内檐装修”的概念，其内容为隔断、罩、天花、藻井等室内界面的装修。在明代计成所著《园冶》中的装修又称为“装折”。在近代，室内设计曾被冠以“内部美术装饰”的称谓。蔡元培先生在其著述的《华工学校讲义》中对装饰进行了专门的阐述：“装饰者争最普通之美术也。……人智进步，则装饰之道渐异其范围。身体之装饰，为未开化时代所尚；都市之装饰，则非文化发达之国，不能注意。有近而远，私而公，可以观世运矣。”[1]在这时，装饰成为国计民生和文化水平的象征，中华人民共和国

1. 蔡元培. 蔡元培美术文选［M］. 北京：北京大学出版社，1983. 第60页.

成立以后，装饰一词继续沿用，室内装饰与建筑装饰反映了20世纪50～70年代人们对室内设计概念的一种普遍认识。这时的室内设计主要是以依附于建筑内部的界面装饰和家具、艺术品的陈设来实现其自身的美学价值。“文革”结束以后，随着西方现代主义思想在中国的广泛传播，设计的概念开始逐步被人们所接受。设计属于外来语，《牛津词典》中对于“design”的解释可以归纳为：“一切用以表现事物造型活动的计划与绘制。”[1] 20世纪80年代开始，室内设计的专业名称开始被广泛使用，设计理念也由传统的二维空间模式转变为现代的四维空间模式。《辞海》中对室内设计的解释是：“对建筑内部空间进行功能、技术、艺术的综合设计。根据建筑物的使用性质（生产或生活）、所处环境和相应标准，运用技术手段和造型艺术、人体工程学等知识，创造舒适、优美的室内环境，以满足使用和审美的要求。设计的主要内容为室内平面设计和空间组合，室内表面的艺术处理，以及室内家具、灯具、陈设的选型和布置等。”[2]

本书中“室内环境营造”的概念是指建筑内檐的意匠和装修，也就是现今意义上的室内设计与装修，其内容包括：建筑的内部环境及各界面和构件的装修、建筑内部的空间组织和分隔、家具及陈设品的类型及特征等。“我们研究建筑史的时候，我们对于某一个时代的作风的注意不单是注意它材料结构和外表形体的结合，而且是同时通过它见到当时彼地的生活情形、劳动技巧和经济实力思想内容的结合。欣赏它们在渗合上的成功或看出它们的矛盾所产生的现象。”[3] 因此，本书的研究还涉及清代建筑营造技术和材料、室内物理环境、室内环境营造的等级制度、管理和室内设计师等方面的内容。

1.3 研究方法

1.3.1 调查研究方法

梁思成先生在《冀县独乐寺观音阁山门考》一文中说到：“近代学

1. Miranda Steel. Oxford wordpower dictionary [M]. Oxford: Oxford University Press, 1996. 第182页.
2. 辞海编辑委员会. 辞海 [M]. 上海: 上海辞书出版社, 1999. 第2896页.
3. 梁思成. 建筑的民族形式//建筑文萃 [M]. 北京: 生活·读书·新知三联书店, 2006. 第255页.

者治学之道，首重证据，以实物为理论之后盾，俗谚所谓‘百闻不如一见’，适合科学方法。艺术之鉴赏，就造型美术言，尤须重‘见’。读跋千遍，不如得原画一瞥，义固至显。秉斯旨以研究建筑，始庶几得其门径。”[1]中国古代建筑室内环境营造的研究更应如此，必须做大量的实地调查乃至测绘才可。

人类学研究重视田野考察，强调与“书斋式学问”的区别，为了能够充分了解真实的社会生活、文化、习俗或生活习惯等，研究者有必要置身于研究对象所处的环境之中，从其内部进行参与式和体验式的调查。

研究清代建筑室内环境营造比较有利的条件是有大量的实物遗存，尤其是在北京及周边地区。尽管这些建筑保护（尤其是室内环境）的现状不能令人满意，但各种类型的清代建筑几乎都能找到。因此，实地调查具有非常便利的条件和可行性，根据研究的范畴和进度可以分期分批考察。此外，还可以根据研究的进度适时到外地进行必要的调查，譬如到江苏、安徽、山西等清代建筑比较集中的地方，获取翔实、可靠的第一手资料。

通过对清代部分建筑进行实地考察，对清代建筑的结构类型、室内环境的构成要素、室内装饰样式的特征、营造技术、制作工艺、室内环境内含物、文化内涵等多个方面进行直观的认识和体验，可以获取更多的直接感受。

1.3.2 文献学方法

文献研究是建筑历史研究的一个重要方法，当年梁思成、林徽因等前辈学者也都采用了这种方法。在梁思成《中国建筑史》的宋、辽、金部分，曹汛先生注解中表明：“……林徽因同志除了对辽、宋的文献负责收集资料并执笔外，全稿都经她校阅补充”。[2]因此，研究文献中关于建筑的史料性著述必然有助于发掘室内环境营造的素材和厘清其发展的脉络。

清代的文献资料比较丰富，但其中对建筑专门论述的并不多，大多

1. 梁思成. 冀县独乐寺观音阁山门考//建筑文萃［M］. 北京：生活·读书·新知三联书店，2006. 第56页.
2. 梁从诫. 林徽因文集·建筑卷［M］. 天津：百花文艺出版社，1999. 第227页.

散见于浩瀚的随笔、游记、见闻录、小说、戏剧等。然而，文献中必然会存在一些干扰因素，必须站在一个比较客观的角度分析和使用这些文献素材。收集与清代室内环境营造相关的大量文献资料并进行梳理和分类，去芜存真，获取丰富的信息，同时全面网罗相关领域已经取得的研究成果。

把基本资料中的文献与实物结合求索是传统建筑史学的方法，而不同时代、地域资料的引入则是基于文化交流和传承的存在。这种文化交流包括不同地域间的文化影响，也包括不同时代之间的文化传承。

此外，前人的研究成果，包括原始资料、方法、结论都是本书研究的重要基础。

1.3.3 文化人类学方法

文化人类学是一门具有现代学术品格的学科，具有鲜明的学科特点。文化人类学以探究人类文化本源为其重要使命，以追求“人类历史的还原”和“文化原理的发现”为其终极目标，以严谨的田野调查为主要方法，以整体观和文化平等观为核心理念。文化人类学关注的领域是全面的和整体的，包括人类的物质文化、制度文化和精神文化等几乎所有层面。

人类学家林惠祥（1901-1958）教授在“人类学是用历史的眼光研究人类及其文化之科学”的总结中，提出历时性对人类学的重要性。法国年鉴学派第三代核心人物勒高夫（Jacques de Goff，1924-2014）更加强调历史研究的整体性。勒高夫所倡导的新史学是“结构的历史、有说明的历史，而不是纯叙述性的历史”。因为“短时段的历史无法把握和解释历史的稳定现象及其变化”，所以年鉴学派进一步提出将人类学与历史学结合的尝试，以实现一种“总体的历史”[1]。因此，在研究中应该对研究对象从空间性和时间性两个维度进行考察，这样才能兼顾到对象的历时性和共时性两个方面的特征。

1.［法］J. 勒高夫，P. 诺拉，R. 夏蒂埃. 新史学［M］. 姚蒙编译. 上海：上海译文出版社，1989. 第19-28页.

通过文化人类学的方法，可以研究一个时代的政治统治、物质生产、社会结构、人群组织、民族风情、风俗习惯、宗教信仰等各个方面，借此发现文化的普遍性以及个别的文化模式，从而发现社会发展的一般规律和特殊规律。本书通过文化人类学的研究方法，结合收集到的清代室内环境营造的图像资料、文献资料，再加上笔者考察中的切身体验，分析清代时期的社会背景、经济发展、文化演变、生活习俗、营造技术对该时期室内环境营造的影响，厘清清代时期室内环境营造的发展脉络，总结其在空间、装修、陈设、艺术等各方面的特征。

1.3.4 综合式的研究方法

随着人类知识体系的不断膨大，知识体系也划分得越来越细，学科各就各位，条分缕析。传统的学科分类体系各自独立的发展模式和日渐细化的知识谱系早已暴露其弊端。随着当今学术反思的兴起，人们逐渐认识到需要“整体观念”来引导研究，学科间视阈、对象、方法等的借用互补势所必然。同样，室内环境营造的断代研究仅是建筑历史中一个非常细小的分支，但室内环境营造的历史牵扯到社会和自然等各种因素，包括人、自然、社会的综合，功能和结构的综合，人的生活、工作行为与营造行为的综合，以及物质形态要素和非物质形态要素的综合等。这就决定了室内环境营造历史研究也必定是综合的研究，也就是说，应当从以建筑学、历史学、文化生态学为中心的多学科结合的广泛视野上进行融贯研究。这样势必要采取一种综合式的研究方式，将多种取向结合在一起，才能兼顾室内环境营造的宏观层面、中观层面和微观层面，才能从器物层面深入到行为层面，乃至文化和心理层面。

1.4 研究的特点

第一，将清代建筑的室内环境营造作为一个综合的系统以专题的方式加以整体研究，迄今还没有见到有关的成果。已取得的研究成果大多是点式的、片段式或面上的，或不够完整，或不够深入。本书以一个系统化的方式对清代室内环境营造所涉及的方方面面进行研究，力图还原清代室内环境营造的全貌。这也是本书最大的特点。

第二，阿摩斯·拉普卜特在《宅形与文化》一书中指出："宅形不能简单地归结为物质影响力的结果，也不是单一要素所能决定；它是一系列'社会文化因素'（social-culture factors）作用的产物，而且这一'社会文化因素'的内涵需从最广义的角度去理解；同时，气候状况（物质环境会鼓励某些情况的产生而使另一些情况不可能）、建造方式、建筑材料和技术手段（创造理想环境的工具）等对形式的产生起着一定的修正作用。"[1] 因此，建筑及其室内环境的营造既是一种物质创造活动，也是一种文化衍化现象。在这样的认识前提下，本书对清代建筑室内环境营造的研究不再局限于室内环境中各个构成要素本身，同时深入其所处的脉络体系中，研究建筑室内环境本体之外的历史背景、社会生活和文化现象，以及与异类文化之间的交流和影响等。

第三，本书还在清代社会发展的过程中，探讨清代建筑室内空间形态在社会历史环境和营造技术影响下的演变、类型、特征及其营造手段，发掘室内装修形式及其内含物的演化和特征，找寻室内环境营造发展演变和艺术特征形成的涵构力量和支配性因素。从社会层面到个体层面，从物质层面到精神层面展开讨论，以系统的方式厘清清代室内环境营造的特征和发展特点，技术、艺术和审美方面的特征，以及对国内外和后世的影响等。

1.［美］阿摩斯·拉普卜特. 宅形与文化［M］. 常青，徐菁等译. 北京：中国建筑工业出版社，2007. 第46页.

第 2 章

限制与拓进
——清代室内环境营造的影响因素

清代的建筑，从皇宫、御苑到民居，历经浩劫，保留到今天仍为数众多，而且许多前朝的重要建筑也在清代进行了重修或大修，以至给人这样的印象：清代建筑就是中国古代的建筑。应当肯定，清代建筑从技术上确实继承、总结、发扬了中国木构筑的传统，同时人们又结合地域特点发展了砖木、砖石和生土窑洞建筑等技术，涌现了富于地域特色的多种建筑（特别是民居）形式。除了居住建筑之外，庙观、会馆、商铺、书院、客栈、茶馆等各种类型的民间建筑也发展起来。同时随着港口的开放，西洋建筑（包括银行、教堂、宾馆、办公楼、剧院、医院、别墅、俱乐部等）也出现在人们的面前（图2-1、图2-2）。

图2-1　建于19世纪末的英国乡村风格的上海早期花园住宅
（图片来源：蔡育天，钟永钧. 回眸——上海优秀近现代保护建筑［M］. 上海：上海人民出版社，2001. 第167页.）

图2-2　广州英国人俱乐部（1906）
（图片来源：李穗梅. 帕内建筑艺术与近代岭南社会［M］. 广州：广东人民出版社，2008. 第135页.）

图2-3　苏州全晋会馆戏台螺旋形藻井
（图片来源：庄裕光，胡石. 中国古代建筑装饰·装修［M］. 南京：江苏美术出版社，2007. 第301页.）

清代的等级制度对室内环境营造产生一定程度的影响，但追求奢华风气的蔓延，使民间较富裕的阶层开始突破等级制度的禁忌。木雕、砖雕、石雕成为许多宅第不可缺少的夸耀财富和地位的载体，甚至有愈演愈烈之势。所有这些，都促使民间培育出一支庞大的工匠队伍。他们世代相传，一方面，因循守旧地传授前代留下的标准制式，并千方百计地去迎合社会上弥漫的追求装饰的时尚；另一方面，因为民间总是最接近生活，不受条条框框的约束，时而也有所创造。在一片追求繁华装饰的庸俗风气中，也不乏富有创造性之作（图2-3）。

中国历史上对设计师的轻视，是一种轻视科学技术、轻视工匠的陋习和一种否定建筑文化意义的偏见在作怪。其原因有二：首先，中国古代社会视科学技术为旁门，而隶属于匠作的设计地位更是低下。学术界重视人文，轻视自然科学和技术科学；重视综合"论道"，轻视具体分析；科举考试重在引经据典，夸夸其谈。于是，从事实践的工匠们社会地位低下，而设计师被归属于工匠系列，除少数得到"御用"者外，多数在"劳心者治人，劳力者治于人"的思想指导下，只能处于社会的底层。其次，建筑的成就总是归功于帝王将相和权贵豪富。当然有的设计创意和构思确实出自这些人，但即使是设计师自己完成的设计，一般也归属业主名下，设计师只能是幕后英雄。与有名望无地位的文人、画家相比，设计师既无名望又无地位，只能沦落为“无名氏”。中国古代的雕塑家、陶艺家也遭受了同样的命运。

然而，有价值的劳动在社会上总是会得到不同程度的承认，设计师也不例外，特别是在大型宫廷建筑和一些重要宗教建筑中，往往可以找到一些官方的历史记录。宫廷设计师被封官授爵者，大有人在。另外有些帝王权贵，出于对建筑的爱好，具体地参与设计、做出决策。除此之外，中国历代的许多文人（特别是仕途失意的文人）在流放或退隐中，与民间设计师结合，开拓了一条罕见的“文人意匠”创作道路，这是中国艺术与文化的独特现象。

清代是中国古典风格室内环境营造发展的高潮期，尽管没有设计师这个职业，但有与之功用相似的样式房和匠作管理制度，也有自己独特的管理制度和设计师，这样才保障了建筑室内环境营造的效果和品位。清末许多设计机构和国外的设计师活跃在中国室内设计的舞台上，他们带来对中国人而言全新的设计理念和风格样式，并促使中国室内设计开始走向职业化道路。

就营造技术而言，清代在前朝已经取得的成就基础上得以延续和发展：一方面，继承并发展了中国传统木结构的营造技术；另一方面，西方的砖（石）木结构、砖混结构，乃至更为现代的钢筋混凝土结构、钢结构的营造技术已经传入并得到一定程度的发展。此外，新的室内装饰材料和设备也逐渐走入人们的日常生活。技术的进步和现代转型为清末室内环境的营造带来巨大的变化。

2.1 营造的等级制度

明代在民宅建筑营造方面有着严格的等级制度：“百官第宅。明初，禁官民居房屋不许雕刻古帝后、圣贤人物及日月、龙凤、狻猊、麒麟、犀象之形。凡官员任满致仕，与见任同。其父祖有官，身殁，子孙许居父祖房舍。洪武二十六年定制，官员营造房屋不许歇山转角，重檐重栱，及绘藻井，惟楼居重檐不禁。公侯，前厅七间，两厦，九架；中堂七间九架；后堂七间七架；门三间五架；用金漆及兽面锡环；家庙三间五架；覆以黑板瓦；脊用花样瓦兽，梁栋、斗拱、檐桷彩绘饰；门窗、枋柱金漆饰；廊庑、庖库、从屋，不得过五间七架。一品、二品，厅堂五间九架，屋脊用瓦兽；梁栋、斗拔、檐桷青碧绘饰；门三间五架，绿油，兽面锡环。三品至五品，厅堂五间七架，屋脊用瓦兽；梁栋、檐桷青碧绘饰；门三间三架，黑油，锡环。六品至九品，厅堂三间七架，梁栋饰以土黄；门一间三架，黑门，铁环。品官房舍，门窗户牖不得用丹漆。功臣宅舍之后，留空地十丈，左右皆五丈，不许挪动军民居止，更不许于宅前后左右多占地，构亭馆开池塘以资游眺。三十五年，申明禁制，一品、三品厅堂各七间，六品至九品厅堂梁栋只用粉青饰之。……庶民宅舍，洪武二十六年定制，不过三间五架，不许用斗拱，饰彩色。三十五年复申禁饰，不许造九五间数，房屋虽至一二十所，随其物力，但不许过三间。正统十二年令稍变通之，庶民房屋架多而间少者，不在禁限。"[1]

"凡器皿，洪武二十六年定：公侯一品二皮棉酒注、酒盏用金，余用银。三品至五品酒注用银，余皆用瓷。漆、木器并不许用朱红抹金描银雕琢龙凤纹。庶民酒注用锡。酒盏用银，余瓷。漆，又令官员床面、屏风、隔子并用杂色漆饰，不许雕刻龙凤纹金饰朱漆。"[2]

明代初年，"皆遵国制"，中期后，随着社会经济的繁荣与统治力量的松懈，人们开始突破这些禁令，如湖广茶陵，明初简朴，遵循"三间五架"，成化以后，"富贵者居高广靡丽，比之公室。"[3]据《建业风俗记》记载，明代正德以前，房屋矮小，厅堂多在后面，有喜欢纹饰的人，也不敢彩绘。嘉靖末年，"士大夫家不必言，至于百姓有三间客厅费千金者，金碧辉煌，高耸过倍，往往重檐兽脊如官衙然，园囿僭似公侯。下至勾阑之中，亦多画屋矣。"[4]万历末年，这种情形更为普遍。

清代有关士庶宅第没有明确的规定，基本沿用明代的旧规，但对王府规制有明确的规定。据《大清会典事例》卷八百六十九《工部・宅第

1. 明史・舆服制（卷68）. 北京：中华书局，1974. 第1672页.
2.《大明会典》。
3. 嘉靖《茶陵州志》卷上，风俗第六，《天一阁明代方志选刊续编》第63册. 上海：上海书店影印，1990. 第872页.
4. 顾起元著. 客座赘语（卷5）. 北京：中华书局，1987. 第170页.

条》："顺治九年（1652）定，亲王府基高十尺，外周围墙。正门广五间，启门三，正殿广七间，前墀周围石栏，左右翼楼各广九间，后殿广五间，寝室二重，各广五间，后楼一重，上下各广七间，自后殿至楼，左右均列广庑。正门殿寝均绿色琉璃瓦，后楼、翼楼、旁庑均本色筒瓦。正殿上按螭吻、压脊仙人，以次凡七种，余屋用五种。凡有正屋、正楼门柱，均红青油饰。每门金钉六十有三，梁栋贴金，绘画五爪云龙，及各色花草。正殿中设座高八尺，广十有一尺，修九尺，座基高尺有五寸，朱髹彩绘，五色云龙。座后屏三开，上绘金云龙，均五爪，雕刻龙首有禁。凡旁庑楼屋，均丹楹朱户。其府库、仓廪、厨厩及只候各执事房屋，随宜建置於左右，门柱黑油，屋均板瓦。……又定公侯以下官民房屋，台阶高一尺。梁栋许绘画五彩杂花。柱用素油，门用黑饰。官员住屋，中梁贴金，二品以上官，正房得立望兽。余不得擅用。"[1]

清代庶民的住宅，尽管政府没有明确的规定，仍习惯地遵行三间五架（主要指北方地区）、前堂后寝、内外有别以及不做装饰的传统做法。

譬如，作为建筑室内环境装饰语言之一的建筑彩画，在使用上就有严格的等级之分。在社会审美思潮的影响下，建筑彩画在清代达到高峰。艺术造诣高于前代，彩画的新品种不断出现，而规范也更为严密，色调及装饰感大为增强，取得了非凡的艺术成就。宫廷彩画按等级由高到低依此主要有和玺彩画、旋子彩画、苏式彩画等几大类。和玺彩画是级别最高、最华贵的一种彩画，多用于宫殿、坛庙的正殿和殿门，形成于清初或更早。彩画的构图华美，设色浓重艳丽，用金量大。苏式彩画多应用在小式建筑上，是源于苏州一带的南方彩画类别，自然活泼富于生活气息。江南苏式彩画传到北方后逐渐形成一种新式彩画，被大量用于园囿建筑中。

严格的等级制度在一定程度上限制了清代室内环境营造的创新，无法满足人们日益多样化的需求。乾隆时期开始，文人意识不断苏醒和张扬，商业经济得到前所未有的发展，在一些远离皇权的地区，人们逐渐

1. 转引自：孙大章. 中国民居研究［M］. 北京：中国建筑工业出版社，2004. 第593页.

抛开了等级制度的束缚，不少远离京畿的达官、富商和地主突破了这些限制，民间建筑的室内环境营造得到空前的发展，与晚明追求奢侈和豪华的状况相比，有过之而无不及。所有这些可以在江浙一带的豪宅、山西商人的大宅院和安徽歙县那些装修华丽的住宅中见到。

平民意识及其审美趣味影响不断深化，逐渐对官方的意识形态和生活态度渗透并产生影响，于是官式建筑的室内环境营造悄然发生了变化。据雍正刊本的《庭训格言》，康熙曾前往王公大臣的花园游幸，“观其盖造房屋，率皆效法汉人，各样曲折隔断，谓之套房。彼时以为巧，曾于一两处效法为之，久居即不如意，厥后不为矣。尔等俱各自有花园，断不可作套房，但以宽广弘敞居之适意为宜。”[1]可知“碧纱橱”源自汉人住宅内的隔断和装修形式，康熙时期进行了加工改造，并逐渐完善，成为一种成熟的装修形式。由此可见，虽然康熙的《圣祖仁皇帝庭训格言》谆谆告诫诸皇子，这“碧纱橱”是“久居即不如意……断不可作套房”的汉人用具，但根据《红楼梦》中多次有关“碧纱橱”的描述，最迟在曹雪芹的先人曹寅父子贵盛无比的康熙中晚期，“碧纱橱”已经成为满族富贵人家的一种室内装修形式。

2.2 室内环境营造的管理

在“参金酌汉、清承明绪”思想的指导下，清代初期基本上延续了明代的建设和管理制度，而后随着建设规模的扩大逐渐完善和成熟，到了乾隆时期随着建造行业达到顶峰而形成了一个完整的独特体制。到了清代中期，建筑和室内环境营造上已经有了相当成熟和完善的职掌框架和管理体系，参照丰富的内务府档案中所记载的历史事件，可以清晰地看到清代中期室内环境营造工程的参与人员和管理体系。

2.2.1 管理部门

清代宫廷建筑的管理机构主要有内务府、工部和民政部。

1. 圣祖仁皇帝庭训格言. 雍正版本// 朱家溍. 雍正年的家具制造考［J］. 故宫博物院院刊，1985年第4期. 第85页.

清初设内务府，管理宫廷事务。它不仅管理帝后的衣食住行等生活事务，也管理宫廷建筑方面的事务，其内部设有营造司和总理工程处等机构，管理宫殿、园囿等建筑事务。内务府管理宫廷建筑的机构有内务府堂和营造司。

工部是管理全国工程事务的机关。光绪朝《钦定大清会典》中记载，工部“掌天下造作之政令与其经费，以赞上奠万民。凡土木兴建之制，器物利用之式，渠堰疏障之法，陵寝供亿之典，百司以达于部，尚书、侍郎率其属以定议。大事之上，小事则行，以饬邦事”[1]。工部中具体负责土木营建事务的是营缮清吏司。工部对北京都城、皇城、紫禁城、宫殿、太庙、社稷、天坛、地坛、月坛、先农坛、先蚕坛及都城的庙祠、厅署、仓厂营房、府第等，负有设计、兴建及维修的责任[2]。同时管理琉璃窑、皇家木材厂等。

民政部在清代官制的改革中于光绪三十二年九月二十日成立。同一天奉上谕：“工部并入商部，改为农工商部。”[3]工部并入商部后，原来工部所管理土木建筑工程，一切营缮报销事宜，均由民政部管理。民政部设有营缮司，专门管理本部直辖的土木工程。

后来，随着内务府和后来成立的工部在分工上的逐渐明确，到了清代中期，宫廷和官方建筑的内檐装修设计、参与和管理已经成为一个秩序稳定并行之有效的结构。乾隆年间又在内务府营造司下设样式房、销算房，负责设计图纸，制作烫样，及估算工料、核实经费等项工作。尽管后来的管理机构在清代官制的改革中有所调整和并转，但这个结构一直为清代频繁而规模巨大的各种营造建设和修缮任务服务。

2.2.2 设计管理

清代宫廷建筑工程的管理分为三个部分：

1. 工程分级报批制度

凡兴建工程、制造工程、修缮工程，在京则各衙门报于工部，由工部

1. 光绪朝《钦定大清会典》卷五八。转引自：高换婷，秦国经. 清代宫廷建筑的管理制度及有关档案文献研究. 中国紫禁城学会论文集（第五集）（上）[C]. 北京：紫禁城出版社，2007. 第86页.

2. 高换婷，秦国经. 清代宫廷建筑的管理制度及有关档案文献研究. 中国紫禁城学会论文集（第五集）（上）[C]. 北京：紫禁城出版社，2007. 第86页.

3.《大清光绪新法会》第一册。转引自：高换婷，秦国经. 清代宫廷建筑的管理制度及有关档案文献研究. 中国紫禁城学会论文集（第五集）（上）[C]. 北京：紫禁城出版社，2007. 第88页.

审批。如果工程重大，则必须报皇帝批准。这个在皇帝直接参与和领导下的完善体系是为了控制项目的预算、监管核算和保证工程的质量，并不是鼓励人们积极参与到项目的设计中来，以达到设计上的创新和突破。

2. 工程经费估算与核销制度

为了估算工料、报销经费，统一做法，在清廷工部营缮司设有“料估所”，另外内务府下属设有“销算房”，又称算房，专司这项工作。这项书办制度是清代所特有的。每遇有大工，朝廷还要委任大臣组成总理工程事务处来主持工作，并调任有司官吏共同参加。清中期的工程估算与核销制度具有一定的代表性。以请旨明确皇帝的意图和确定所需遵照的约估、请用工程款项的程序为例，在经济状况允许的条件下，不少工程项目可以事先请领工程款项，等进一步估算完成后再详为核算奏报。典型者如奏销档中乾隆六年十二月初七内务府大臣海望的上奏：“臣海望谨奏为请旨事。乾隆六年十二月初五奉旨四所五所挪在东厂盖造，四所五所地方新建工程照烫胎样式盖造……若俟料估得时奏责，惟恐稍迟时日，先请备办物料银五万两，俟估得时将应用银两数目另行奏闻。”[1]而奏销档中其他最为典型的工程档案类型则包括约估银两数目类、领用银两物料类和奏闻销算用过银两数目三大类。前者当在工程开始之前，如乾隆十二年六月二十内务府大臣三和[2]奏闻约估修建奉先殿穿堂之事[3]；次者贯穿工程的始终，如雍正十年四月二十八满文内务府奏销档总管内务府奏报自工部领用物料折[4]，凡领用物料价值要在销算中予以扣除，明确写在奏报文稿之中，如内务府大臣海望、三和奏销先蚕坛、永安寺等工程折中关于领用物料和最终销算的报告[5]；后者则往往完成于阶段性工程审验和整体竣工之后，如乾隆十五年正月二十一海望等奏销算雍和宫工程事。[6]在此类的奏销档案中，所有计算银两数目的结果均依照详细的做法和规模，并明确地书写在奏折当中。

3. 工程技术规范制度

光绪朝《钦定大清会典》中记载：“凡造作之法，维之以取直，悬之

1. 中国第一历史档案馆藏，内务府奏销档，乾隆十二年十二月初七，卷68，册206。

2. 三和，《清史稿》有传：“纳喇氏，满洲镶白旗人。初授护军校，累迁一侍卫。乾隆六年，授总管内务府大臣，迁户部侍郎，调工部，复调还户部。十四年，擢工部尚书。寻降授侍郎，调户部，复调还工部。三十二年，授内大臣。三十八年，卒，赐祭葬，谥诚毅。”

3. 中国第一历史档案馆藏，内务府奏销档，乾隆十二年六月二十，卷72，册217。

4. 中国第一历史档案馆. 圆明园（上）[M]. 上海：上海古籍出版社，1991. 第38页.

5. 中国第一历史档案馆藏，内务府奏销档，乾隆八年十一月二十八，卷69，册210。

6. 中国第一历史档案馆藏，内务府奏销档，乾隆十五年正月二十一，卷73，册221。

于取正，测之以取均，较之以取约，罫之以取方，旋之以取圆。皆以营造尺起度，以布算而驭线面之。”[1]

雍正十二年（1734）工部颁布《工部工程做法则例》（74卷）35册，是清代官式建筑通行的标准和设计规范，是继宋代《营造法式》之后，官方颁布的又一部较为系统、全面的建筑工程专著。此外，还有其他清代有关人士编著的《内庭工程做法》7册、《物料价值》4册、《圆明园内工则例》16册、《圆明园内工程做法则例》7册、《万寿山工程则例》19册、《热河工程则例》17册、《内庭宫殿画工则例》1册、《各作做法》1册、《大木做法》17册、《木工做法》1册、《外檐装修做法》1册、《瓦作做法》1册、《石作做法》1册、《营造算例》1册等。[2]

故宫博物院的王世襄先生耗时多年，收集整理了73种匠作则例，其中直接关于营造业的则例有53种。这些则例分别收藏在北京图书馆、故宫博物院、中国第一历史档案馆、清华大学图书馆、北京大学图书馆、中国科学院文献情报中心（国家科学图书馆）、建筑科学研究院古建研究所、江苏师范学院等处。清代匠作则例大体可以分为官修和私辑两大类。

清代宫廷和官方建筑室内装修工程的设计，首先技术性地依赖于《工程做法则例》和各种则例等规范制度，其次还依赖于管理体系、工程项目的实际运行状况和管理人员，乃至内务府和工部主管项目大臣的个人素质。

2.3 清代建筑的营造技术

清代的建筑营造活动，并没有随着朝代的更替、社会体制的变革、经济发展的迟滞而停滞或中止，清代建筑的许多方面仍延续着前朝建筑的特征。而在民宅建设方面，除沿海（上海、广东等地）、京畿等地区吸收西洋土木营造技术，开始砖木、砖石、钢筋混凝土建筑以外，大部分内陆地区仍沿用传统建造方式，以木构架为主（图2-4）。

就建筑营造技术而言，清代在前朝成就的基础上得以延续和发展：

1. 光绪朝《钦定大清会典》卷五八。转引自：高换婷，秦国经. 清代宫廷建筑的管理制度及有关档案文献研究. 中国紫禁城学会论文集（第五集）（上）[C]. 北京：紫禁城出版社，2007. 第89页.

2. 王世襄. 清代匠作则例（上）[M]. 郑州：大象出版社，2000. 第6-11页.

一方面，继承并发展了中国传统木结构的营造技术；另一方面，西方的砖（石）木结构、砖混结构，乃至更为现代的钢筋混凝土结构（图2-5）的营造技术已经传入并得到一定程度的发展。尤其是在清末的开放口岸城市（如上海、青岛、广州等地），几乎与国外同时期的营造同步。技术进步和现代转型为清末室内环境的营造带来巨大的变化。

图2-4　广西黄姚古镇清代民居室内环境
（图片来源：作者自摄）

在对待这两种技术上，清政府采取了两种截然不同的态度——传统技术的主动选择与外来技术的被动接受。西方的营造技术在最初传入时就因导入者的背景不同而呈现复杂多样的情形，作为主动一方，西方人又因传教与贸易的不同目的而采取不尽相同的建筑策略；中国官方也因看待外来文化的猎奇和防备兼而有之的心态对引入西方营造技术持有矛盾心态。这些隐藏在表象背后的观念问题在一定程度上影响着传入时期营造技术的发展状态。

图2-5　上海永年人寿保险公司门厅爱奥尼式柱头
（图片来源：蔡育天，钟永钧. 回眸——上海优秀近现代保护建筑［M］. 上海：上海人民出版社，2001. 第33页.）

2.3.1 建筑技艺的多向交流

清代借鉴学习江南建筑技艺的风气，由于帝室的倡导而变得更为普遍，尤其在建筑装饰美学方面。如装修棂格、木雕花罩、砖木雕饰、镶嵌玉石、山水园林、月洞铺地等，无不受江南的影响。室内装修讲求材质精良、工艺细腻、构思巧妙、变化繁多，这样就大大提高了建筑室内环境的实用价值及艺术性。实际上，清代的技艺交流

图2-6　江苏扬州清真寺礼拜殿内景
（图片来源：黄明山. 中国穆斯林礼拜清真寺. 台北：光复书局，北京：中国建筑工业出版社，1992. 第44页.）

也不限于南艺北移，而是多向流动，如回族清真建筑及云南德宏州傣族佛寺引入了汉族木构殿堂形制；南疆维吾尔族礼拜寺引了入中亚、西亚的形制；甘南藏族建筑引入了回族建筑的装饰手法；两湖的营造技术随着移民传入川南地区；甚至接触西方较早、海运方便、华侨众多的广东地区建筑还引入了不少西方建筑的手法及风格。可以说，清代时期由于政策、经济及交通条件的改善，在建筑技艺交流方面开创了历史最佳环境（图2-6）。

2.3.2 传统营造技术的继承与发展

清代"康乾盛世"以来，政策的客观激励、经济的高度发达以及交通条件的改善，为营造技艺方面的交流提供了前所未有的机遇。在皇帝的带动下，学习借鉴江南营造技术、艺术大为风行。

中国传统的木结构营造技术在清代虽然有一定的进步和发展，在建筑的营造上超越了前代，但在某些方面也呈现出僵化和不合理的倾向。

1. 清代木结构技术的发展

清代时期的木结构营造技术，与当时的政治、经济、文化艺术情况相适应，在官式建筑上尤为突出。主要表现在以下几个方面：设计更加规范化、程式化；大木构件力学功能减退；斗拱功能减弱；侧脚、生起逐渐减小或消失；木构件砍割手法简化；木构件的修饰从传统的技术美学转向装饰美学；内外檐开始分开设计；拼合梁柱结构技术高度发达；多层楼阁结构得以完善；大体量建筑的建造成为可能；墙体开始承重[1]。

2. 工艺美术技艺与营造技术的结合

清代手工艺美术十分繁荣。对清代的工艺美术，历来有两种不同的评价：有人认为它做工纤巧，丰富多彩，达到封建时期的顶峰；也有人认为它烦琐堆砌，格调低下，流于庸俗和匠气[2]。尽管在艺术水平上，清代工艺美术缺乏较高的审美境界，但在设计和制作中把艺术和技术等同起来的做法，使得技艺精绝，相应的工艺技术也达到了前所未有的高度，制作水平远远超出前代，技术得到了飞跃的发展。人们在技艺创新方面无所不用其极，使材料充分发挥其性能，在人与技术之间的关系上逐渐从被动的适应转向主动的把握。

陶瓷制作方面发明了五彩、珐琅彩、粉彩工艺；玻璃器皿制造方面首创了“套料”装饰艺术工艺；漆器工艺方面出现了北京雕漆中的剔彩、扬州的螺钿、福建的脱胎等工艺。此外，玉石、竹木、象牙雕刻，镶嵌，珐琅制作，以及纺织品丝织、刺绣、印染等都有进步，雕刻技艺和彩画绘制技术也得到空前的发展。除了单个种类工艺技术的进步外，在工艺技术的综合运用方面也得到长足的发展，形成了清代的时代特色。单一的器物制作工艺开始多用化，各个工艺之间相互借鉴，取长补短，提高了器物设计、制作的艺术和技术水平（图2-7）。

在所有工艺技术中，对建筑室内环境营造艺术影响最大的是石、

1. 中国科学院自然科学史研究所. 中国古代建筑技术史［M］. 北京：中国科学出版社，1985. 第123-130页.
2. 田自秉. 中国工艺美术史［M］. 北京：东方出版中心，1985. 第332页.

图2-7　苏州留园的六角什锦窗
（图片来源：庄裕光，胡石. 中国古代建筑装饰·装修［M］. 南京：江苏美术出版社，2007. 第149页.）

图2-8　广州陈家祠通神赛会木雕神亭透雕花窗
（图片来源：庄裕光，胡石. 中国古代建筑装饰·装修［M］. 南京：江苏美术出版社，2007. 第159页.）

砖、木三雕技艺，清代中期以后广泛用于墀头、影壁、门楼、垂花门、撑拱、廊内轩顶、门窗棂格、隔扇、壁板、花罩等部位（图2-8）。除木结构构件的装饰加工以外，有些隔扇门窗的隔心板也改用木雕式花板，其中以浙江东阳和云南大理两地最为繁复精细，大理地区民居隔扇的隔心板木雕有套雕四五层图案的。闽南民居门窗隔心板亦有用木雕制品，而且多涂饰彩色油漆。石雕除础石、门枕石、抱鼓石、石栏杆以外，绍兴的石漏窗、潮州的阴刻石雕画是很精彩的作品。在云南大理还广泛用大理石作壁面装饰；四川等地用瓷片贴面或镶嵌装饰；闽南大型民居油饰中喜用贴金工艺等。以上这些装饰手法各有独到的艺术效果，为各地民居增添了鲜明的地方特色。

3. 传统营造技术的发展

伴随着清政府的被迫开放，西方文化和科学技术迅速被复制到中国的商埠城市，城市的建设进入到一种有计划的近代模式，建筑及室内环境营造直接照搬国外同时期的各种样式，营造中也直接引入外来技术和材料，这成为中国建筑室内环境营造转型主要动力和途径之一。除此之外，中国传统建筑营造技术在19世纪中期以来也呈现出渐进演化的趋势。

首先，中国本土延续下来的传统建筑类型开始逐渐采用新的、外来的营造技术；而基于传统营造技术的一些新建筑类型（尤其外来的建筑类型）也采用新的、外来的营造技术。这主要表现在洋务运动后，尤其是在20世纪初资产阶级的革命思想得到广泛传播之后，西方的生活方式也逐渐被人们熟知和接受。这一时期不论是官方建筑还是民间建筑，尽管还是中国传统建筑的形式，但大都采用了西方建筑的结构和材料技术。

其次，在与广大市民生活息息相关的当铺、钱庄、茶楼、酒肆、澡堂、戏园、客栈、会馆、商场、店铺、办公、厂房等建筑，往往由各地工匠根据不断变化的功能要求，在传统营造技术的基础上吸收、采用了一些新的结构形式、材料与营造技术，从而使传统营造技术产生了新的变化（图2-9）。在各个开放口岸城市风行一时的里弄式住宅，以及粤、闽侨乡民居更是传统营造技术变化的代表。

中国传统建筑中营造技术变化的表现形式多种多样，归纳起来主要有以下3种：

（1）采用新结构形式

首先是承重体系由木构架为主逐渐变为砖墙与木屋架共同承重的混合型结构，墙体的结构作用明显加强。这一点在与国外交流频繁地区的民居建筑表现得较为明显，譬如广东的住宅和上海的里弄住宅。早期石库门里弄的建筑结构形式继承了江南民居的做法，采用立帖式木构架承重，如1876年竣工的吉祥里石库门住宅（图2-10）；而新式石库门住宅乃至新式里弄住宅则以承重砖墙以及木制三角屋架代替了传统的立帖木构架。

（2）采用新的建筑装修材料和工艺

在建筑室外装修材料的使用上，开始采用外来的材料和做法。在建

图2-9　上海福新面粉厂办公楼内院采用了金属结构玻璃顶棚（1898）
（图片来源：蔡育天，钟永钧. 回眸——上海优秀近现代保护建筑［M］. 上海：上海人民出版社，2001. 第361页.）

图2-10　上海吉祥里（早期石库门里弄住宅）
（图片来源：蔡育天，钟永钧. 回眸——上海优秀近现代保护建筑［M］. 上海：上海人民出版社，2001. 第168页.）

图2-11　上海华俄道胜银行室内（1905）
（图片来源：蔡育天，钟永钧. 回眸——上海优秀近现代保护建筑［M］. 上海：上海人民出版社，2001. 第30页.）

筑的室内装修中所使用的材料和做法更是前所未见，欧美国家常见的风格和样式出现在中国的同时，也带来了最新材料和做法。国外建筑中常用的大理石拼花地面和墙面、木装修墙面、木地板、马赛克、玻璃、吊灯、壁灯、铁艺、石膏雕饰、彩色玻璃窗和顶棚等在上海等商埠城市的商业、娱乐和旅馆建筑中大量使用，国外使用的材料和工艺在同时期的上海、广州等地都有使用（图2-11）。

（3）采用新的建筑设备

清末，开平雕楼的建设规模达到高峰，随着雕楼功能的改变、样式的增多和营造技术的进步，侨民根据自己的财力建造能满足自己最大需求的雕楼，比较有钱的华侨人家的雕楼更加讲究居住的宽敞舒适，使用了先进的生活设施。规模

图2-12　庐山早期兴建别墅的卫生间（一）
（图片来源：作者自摄）

图2-13　庐山早期兴建别墅的卫生间（二）
（图片来源：作者自摄）

比较大的雕楼，造型比较复杂，内部房间宽敞，卧室、书房、卫生间、厨房等功能用房齐全，有的雕楼还装有供水系统和消防系统。在江西的庐山同样如此，清末外国人大量兴建的别墅建筑采用了当时最新的营造技术、卫生和取暖设备（图2-12、图2-13）。

在上海的很多高档住宅中，集中式的取暖系统代替了原有的火炉、火盆。烧煤的锅炉被置于专门的房间或地下室，可以通过管道和暖气片使室内空间升温；电灯取代了传统的煤油灯照明方式；而自来水、抽水马桶、浴缸等现代卫生、盥洗设施的出现，使得人们的生活水平和质量与以往相比有了质的飞跃。在租借区内租住的中国居民从中享受到了工业文明所带来的种种物质生活方面的便利。

石材、玻璃、地毯、浴缸、抽水马桶以及新式家具的出现，使得中国传统室内某些重要的元素逐渐过时，人们开始用一种全新的审美取向来评价室内的装修与陈设。

2.3.3 西方营造技术的传入

自东西方海路开通至鸦片战争爆发的300多年间，不断有西人东来，在中国沿海通商口岸从事贸易，或至内地传教，或为中国官方所任用。他们的建造活动在最初立足未稳时曾采用临时性的营造技术，如搭造茅棚以避风雨；或为便利传教、掩人耳目而直接沿用中国传统建筑制度与技术手段，如上海敬一堂即采用“中国庙宇式”。后来逐渐采用西方建筑的营造技术手段，随着时间的流逝也逐渐为中国官方默许和接受，这一时期西化的营造技术主要表现为两种类型：混合型营造技术手段与纯粹西方的营造技术手段。

1．混合型营造技术

所谓混合型营造技术，主要指西式营造技术（包括此前西方人在南亚、东南亚尝试的西式技术）与中国当地营造技术或其他地域营造技术结合而成的一种非单一源流的营造技术体系，主要表现为采用中国传统木架结构，而维护体系以及室内外装修则掺入西式做法；或采用西式建筑结构体系如砖、石墙承重，而屋面、墙身的装修做法或构造处理采用非西式方法。

混合型营造技术的代表性实例为1853年在上海建成，由西班牙传教士范廷佐（Joannes Ferrer，1817-1856）设计的董家渡天主堂等。上海董家渡天主堂因其砖石墙体承重而可以确定是全部采用了西式结构体系，但最引人注目的技术手段乃是半圆形拱券和交叉拱券构成的天顶，其一系列拱券并非石构，而是在木骨之外用泥灰粉饰[1]。这一做法并不符合拱券的受力特征，却很符合中国工匠尤其是木工解决问题的习惯：以木材建构各种“样式”。可以说，利用中国木屋架以及使用木材做成不起结构作用的拱券形式乃是混合型营造技术的“创举”（图2-14、图2-15）。

2．纯粹西方的营造技术

纯粹西方的营造技术主要是指主体结构、屋顶结构及主要装修做法皆采用西方人的惯用方式，如砖（石）墙体承重、木制桁架屋顶等。始建于明万历十五年（1587），并重建于1828年的澳门圣道明堂（又称玫瑰堂，Church of S.Dominic），就是一个代表性的建筑。该教堂原为木结构，用板樟木修建，非常简陋，因此直到今天澳门人依然把它称为“板樟堂”。[2] 1721年重建时改为夯土结构，1828年教堂重修，由一位擅长建筑的西班牙神父参与工程的设计和建设。建筑采用了砖石结构、木屋

1. 郑时龄．上海近代建筑风格［M］．上海：上海教育出版社，1999．第116页．
2. 刘先觉，陈泽成．澳门建筑文化遗产［M］．南京：东南大学出版社，2005．第53页．

图2-14　上海董家渡天主堂入口立面（1853）
（图片来源：蔡育天，钟永钧. 回眸——上海优秀近现代保护建筑［M］. 上海：上海人民出版社，2001. 第322页.）

图2-15　上海董家渡天主堂礼拜堂
（图片来源：蔡育天，钟永钧. 回眸——上海优秀近现代保护建筑［M］. 上海：上海人民出版社，2001. 第322页.）

架，屋架形式与四坡顶相呼应，极为巧妙，外立面的装饰图案多模仿古老的西班牙风格（图2-16 ~ 图2-18）。

2.3.4 清末现代营造技术的萌发

1. 钢筋混凝土框架结构

钢筋混凝土框架结构引入中国与上海、天津、广东、福建、浙江等东部沿海开放城市，以及武汉、青岛、哈尔滨、大连、长春、济南等这些殖民地城市的建筑活动密切相关。这种与中国传统木结构异曲同工的结构形式，彻底释放了对非木结构室内空间的限制，为室内环境的营造提供了更多的可能。

图2-16 澳门玫瑰堂外观（1828）
（图片来源：作者自摄）

图2-17 澳门玫瑰堂内景
（图片来源：刘先觉，陈泽成. 澳门建筑文化遗产［M］. 南京：东南大学出版社，2005. 第123页.）

图2-18 澳门玫瑰堂圣坛
（图片来源：刘先觉，陈泽成. 澳门建筑文化遗产［M］. 南京：东南大学出版社，2005. 第124页.）

混凝土和钢筋混凝土结构应用于工业建筑上要略晚于钢结构，20世纪初，上海开始出现钢梁柱外包混凝土的钢骨混凝土结构，1901年建造的华俄道胜银行（倍高洋行设计）就是这种结构。1906年就已用砖木结构结合一部分钢筋混凝土建造了6层高的汇中饭店（马礼逊洋行设计，英国文艺复兴风格）（图2-19），但真正意义上的全钢筋混凝土框架结构第一次使用是1907年建成的上海洋泾浜气象信号台和外滩信号台（初建于1883年，是亚洲最早的信号台之一）。显而易见，西方建筑师与工程师最先将近代结构理论及其技术介绍并运用到中国的建筑领域中。紧接着，钢筋混凝土框架结构技术由于能够解决多层与高层建筑的结构安全和效益问题而迅速发展起来。

2．钢结构

钢结构最早出现在工业建筑中，1863年英国人建造的上海自来火房（煤气厂）炭化炉房是中国第一座钢结构建筑[1]。与钢筋混凝土框架结构一样，高层钢结构技术在中国的引入和发展也与上海、广州等地的建筑活动密切相关。而且钢结构逐渐从工业建筑转入民用建筑领域。房地产业的迅速发展，欧美建材市场的疲软以及中国建筑设计、结构、施工、设备生产等技术水平的迅速提高，是促使中国高层建筑出现并很快达到建设高潮的几个主要原因。

图2-19　上海汇中饭店大厅（1906）
（图片来源：蔡育天，钟永钧. 回眸——上海优秀近现代保护建筑［M］. 上海：上海人民出版社，2001. 第74页.）

3．大跨度结构

与西方现代建筑发展的状况类似，新型营造技术最初往往都是在工业建筑等不为人们过多关注的建筑中尝试和使用，而后逐渐向民用建筑推广。与钢筋混凝土结构、钢结构营造技术一样，大跨度建筑结构技术清末以来在中国的发展也经历了先由工业建筑领域引入，再向民用建筑推广的发展过程。大跨度结构营造技术类型又可分为桁架、三铰钢门架、钢筋混凝土门架以及壳体等。其中使用量最大、应用范围最广的当属钢桁架。

图2-20　上海江南制造总局造炮厂（1865）
（图片来源：戴逸，龚书铎. 中国通史・彩图版・第四卷［M］. 郑州：海燕出版社，2000. 第199页.）

19世纪下半叶，钢木屋架、钢筋混凝土半圆拱和钢屋架相继出现，经过一段时间的实践和探索，到20世纪初逐渐将结构跨度加大到20m左右。1865年，李鸿章将上海洋炮局大加扩充，成立江南制造总局，建造枪炮和轮船制造工厂（图2-20）。1876年建造的江南弹药厂（江南制造总局分厂）采用的是钢屋架结构，人字屋架，管状钢柱，柱础膨大呈圆球状。

薄壳是一种支承结构和屋面合一的钢筋混凝土曲面

1. 潘谷西. 中国建筑史（第四版）[M]. 北京：中国建筑工业出版社，2001. 第344页.

空间结构，在清覆灭之前使用较少。就目前所能查阅到的资料，使用这种结构的建筑仅有一处，即1910年建成的南京南洋劝业会场，使用了钢筋混凝土薄壳拱桥，但跨度仅有6m左右。1917年兴建的北京饭店中楼，其首层西部舞厅的平面尺寸为23.84m × 20.38m，中间设两排钢筋混凝土柱，柱网为5.96m × 8.00m，柱断面为0.7m × 0.7m。其上空设钢筋混凝土拱壳，壳厚9cm，拱壳脚支承在离地面高3.84m的柱顶上。

随着现代化的进程，一批新的洋货如汽车、电话、电风扇、电暖炉、电梯、暖气、浴盆、马桶等物品不断输入中国，有些东西进入寻常百姓家的日常生活，改变了中国人数代延续下来的传统生活习惯和生活方式。自然而然，与人们密切相关的室内环境也随之发生了很大的变化。

2.3.5 营造技术的现代转型

清代（尤其是清末）的营造技术发展呈现出纷繁复杂、眼花缭乱的情形。尤其是1840年鸦片战争以来，中国处于剧变时期，不平等条约的签订使西方人来华从事“合法”外交、经济、宗教活动所需各类居住、办公、教堂建筑的数量和类型逐步增加，西方营造技术在中国得到逐步引入和拓展。作为主动的一方，西方人因为传教和贸易的不同目的而采取不尽相同的建筑策略；中国官方也因看待外来文化的猎奇和防备兼而有之的心态对引入西方营造技术态度暧昧。或许痛苦，或许失落，但中国传统文化中“经世致用”的思想使清代的文人士大夫、官僚显贵、普通百姓开始放眼世界、引进西学，“师夷长技”“借法自强”成为19世纪40年代以来中国人寻求生存和发展的思想动力和举措。在对待西方文化尤其是最新的科学技术成就开始采取主动学习、引进的态度，尽管有崇尚西洋文化和妄自菲薄之嫌，但对中国的“转型”起到了加速作用，在思想意识形态和物质技术上为中国建筑室内环境营造的“转型”打下了坚实的技术基础。

2.3.6 清代民族建材工业的兴起

鸦片战争之前，中国建筑结构和材料方面的变革一直是边缘化、渐进式和缓慢进行的。后来的“洋务运动”（亦称自强运动）除了推动兵工业现代化之外，同时也大力发展民生工业。于是，拉开了中国人引进西方新的民用技术（如纺织、印刷、建材制造等）的序幕。从开始创办延续到20世纪初，中国人已经初步建立起一批新型建材的生产企业，包括水泥、钢铁、砖瓦、玻璃、陶瓷等，为中国建筑业迅速发展时期的到来，砖（石）混结构、钢筋混凝土结构、框架结构，乃至钢结构的成规模应用和发展奠定了初步的物质基础，成为中国建筑及室内环境营造转型过程中不可或缺的关键一环。

在各类新型建筑技术和建材工业的带动下，其他与室内装修相关的材料制造业也逐步发展起来，1853年英商在上海租界开设了中国近代第一家大型建筑材料加工厂——上海砖瓦锯木厂，专为租界内建筑提供建筑及装饰材料，如木夹板、木地板等。以后又相继出现家具厂、玻璃厂等。西方同时期建筑室内常用的石材、铁艺、油漆以及木夹板等装饰材料从一开始完全依赖进口，逐渐开始大量本土生产。20世纪初，各地制造、经营或代理各类装饰材料的商家雨后春笋般迅速发展壮大。例如，南京路上的盖茨公司（Getz Bros, & Co.）就是当年上海滩规模较大的一家装饰材料供应商，主要代理各种名牌的石材、瓷砖、壁纸、木夹板等建筑装饰材料，从盖茨公司当时刊登在《建筑月刊》上的广告中可以看出，作为独家代理商，他不仅可以为客户免费提供各类材料的样品和报价，而且在装修施工的过程中还能给予技术上的支持。

清代室内装饰材料，既有砖、木、石、瓦、油漆、颜料、纸张、玉石、金银、螺蚌、绢纱、景泰蓝、硬木、铜锡等传统材料，也有玻璃、夹板、石材、陶瓷、马赛克等新型材料，无所不用，扩大了室内装修的艺术创作范围。

材料的使用还反映了一个时期科学技术和生产力的发展水平，新材料的发现和使用，会带来技术和观念的变革。清代末期建筑的新技术和新材料极大地丰富了民国以来建筑和室内环境的表现力和感染力，创造出新的建筑艺术形式和室内环境，新型建筑材料和建筑技术的采用，丰富了中国近现代建筑和室内环境营造的创作，为建筑和室内环境营造的创造提供了多种可能性。综上所述，中国建筑活动的整个技术系统在清末开始产生质的变化和飞跃，中国建筑室内环境营造的“转型”在技术方面已经开始起步。

第3章

绚烂与式微
——清代室内环境营造的衍化

清王朝是以满族为核心建立的中国最后一个封建王朝。1616年，努尔哈赤征服建州各部建立了金（史称后金）政权，1636年改国号为清，明崇祯十七年（1644）四月，李自成率领的农民起义军在山海关石河口被清兵击败以后，放弃北京，败走西安。同年五月睿亲王多尔衮率领清军攻占北京，十月清世祖福临继承皇位，建元为顺治元年，开始了大清王朝的统治，到宣统三年（1911）清末代皇帝溥仪退位，共计268年，共经历了10位皇帝。

清政府统治中国这200多年间的历史变化和建筑事业的发展和演进是十分巨大的，而且极富特色，是中国古代建筑室内环境营造发展的高峰，同时晚清的最后十年又是中国室内环境营造转型的重要环节，具有特殊的历史意义。清代遗存的建筑实物众多，建筑类型极为丰富，尽管由于种种原因，遗留下来的建筑保存得不尽人意，但可视性依然很强，是研究中国古代建筑物质文化发展历史必不可少的资料。可以说，今天人们心目中的中国传统室内环境艺术形象，大部分是从清代建筑中获得的。同时晚清十年作为中国室内环境营造转型阶段的一个部分却常常被从事建筑历史理论研究的人员归入近现代建筑历史阶段中，而实际上如果将清代作为一个完整的朝代来研究，就不能忽略晚清时期。

因此，研究清代建筑室内环境营造的发展历史及其艺术特征，不能不将鸦片战争以后的近代中国室内环境营造史中的若干内容一并叙述，因为建筑的发展是相关相辅、承传连接的，不能以年代的划分随意断然地割裂，如北京紫禁城的发展变化，西郊皇家园林的兴废，各地寺庙的改建扩建，以及私家园林的易主、增建、改造等，都有前后相承的关系，至于广大的民居建筑，虽然现存的多为咸丰、同治以后，甚至民国初年的实物，但是其工程技法及建筑艺术皆是以前较长历史时期经民间匠师衣钵传承而形成的，甚至包括清代以前的建筑营造技艺，所以研究任何一个阶段的历史必须重视其如何承上和启下的继承和延续，这样才能使其具有完整的意义。本章就清代室内环境营造历史发展过程的衍化及其特征加以分析和论述。

在清代室内环境营造的研究领域以及与其相关领域的研究中，有各种不同的分期。

在孙大章主编的《中国古代建筑史》（第五卷）一书中，作者将清代建筑的发展过程划分为恢复、极盛、颓衰三个时期。[1]对清代家具的研究有些学者独出心裁，将清代家具划分为清初、乾隆、嘉道、晚清四个时期。凡木质和做工接近明代的，归属为清初；凡制作新颖、质美工精的归属乾隆时期；凡制作近似乾隆时期，矩矱虽存，但工料不够精良的，则被认为归属于嘉庆和道光时期；凡同治大婚时所制一批以“雕刻肿鼻子龙”装饰为特点的桌、案、几、椅、凳、床、柜等，和光绪二十年至三十年在市场上流行、也大批进入颐和园，“造型更为拙劣”的家具，则归属于晚清时期。[2]也有的学者根据家具的造型风格，把清代家具分为顺康、雍乾、嘉道、同光四个时期[3]，与前一种分期相比大致相同，只是前两个时期的断代不同。朱家溍先生在《雍正年的家具制造考》一文中则又把清代家具分为早期、中期、晚期三个时期。[4]

刘畅在《慎修思永——从圆明园内檐装修研究到北京公馆室内设计》一书中，应和朱家溍先生对清代家具的分期将清代室内装修与设计分为三个时期：“清代内檐装修的特征按照时代划分为早、中、晚三期，各约略百年：早期，太祖至圣祖，即明万历二十六年（1598）至清康熙六十一年（1722）；中期，包括世宗、高宗、仁宗三代，即雍正元年（1723）至嘉庆二十五年（1820）；晚期，自宣宗至清覆而终，即道光元

1. 孙大章．中国古代建筑史（第五卷）[M]．北京：中国建筑工业出版社，2002．第3页．
2. 朱家溍，王世襄．中国美术全集——工艺美术编（竹木牙角器）[M]．北京：文物出版社，1987．第26页．
3. 朱家溍．《清代家具》序[J]．故宫博物院院刊，2002，2：1．
4. 朱家溍．雍正年的家具制造考[J]．故宫博物院院刊，1985，3：1．

年（1821）至宣统三年（1911）。”[1]

通过对上述相关领域研究中分期的比较和分析，可以得出这样的结论：在对清代室内环境营造的风格特征和文化思想的研究中，不应该按照社会政治史朝代的更迭来截然划分，因为社会风气的转变、文化和设计思潮的变迁到设计风格的产生、形成和传播，乃至生活方式和思维方式的演变具有一定的惯性，是一个潜移默化、循序渐进、滞后于朝代更替的过程。因此任何分期都是学者根据自己研究的内容和需要进行的，即便是同一个人的观点也会随着课题研究的深入和需要而发生变化。

在本书中，笔者则将清代室内环境营造发展演变的历史分为清式风格形成期、走向烦琐期（也可称为清式风格成熟期）、外来影响期三个时期（具体划分请见本书第1章）。

3.1 从清承明绪到参金酌汉——清式风格形成期

清代初期，国内形式刚刚稳定，由于多年的战乱和破坏，国家并不富裕，因此清初帝王在兴建营造方面皆极为节俭，以实用为主。例如在恢复明代北京宫殿方面，仅将坐朝理政、后妃居住的前三殿、后二宫及东西六宫、天安门、午门等处恢复，其他嫔妃、皇子居住的宫室及宗教、宴游的建筑都未复建，紫禁城仅可说是初具规模。然而北京城中大量建造王府也是巩固政权的需要。清代与明代不同，同姓王、异姓王皆不分封外地，而在京城集中建府居住，即所谓“建国之制不可行，分封之制不可废”，仅有封号而无领土，帝辇之下集中管理。清初封亲王、郡王共60人，但因早卒、战死、无后等原因实际在京城建府的并不足此数。此外，还有不少贝勒、贝子、镇国公、辅国公等次等封爵的府第也在此时建造。至乾隆时有封爵的王公有47人，府第42处，至嘉庆时增加到了92处，如此集中的王府建筑群是历代帝京不曾有过的。北京内城改为满城，驻防八旗官兵也是京城一大变化所在。由于供应旗民口粮的增加，京师、通县张家湾一带皆增加仓场。促进北京变化最大的是外城的

1. 刘畅. 慎修思永——从圆明园内檐装修研究到北京公馆室内设计［M］. 北京：清华大学出版社，2004. 第67页.

图3-1　清代商业店铺
（图片来源：戴逸，龚书铎. 中国通史·彩图版·第四卷［M］. 郑州：海燕出版社，2000. 第153页.）

繁荣，汉族的普通民众、官员、商人都搬迁到外城，使前门外、崇文门、宣武门外一带迅速繁荣起来，大宅、会馆、客栈、餐馆、商铺等鳞次栉比，形成前门商业大街、琉璃厂文化街、宣外会馆街等一批具有特色的街区（图3-1）。

此时期的园林建造也有了一定的规模，顺治时在北海建永安寺及白塔，开辟了南苑，康熙年间改建了西苑的南台，建造了勤政殿、涵元殿、丰泽园等建筑，正式形成北海、中海、南海三海联并的新西苑格局。康熙二十三年（1684）在西郊建畅春园，四十二年（1703）在热河建造避暑山庄，成为清廷最大的离宫，奠定了清代宫廷园囿发展的基础。清初的园林有两个特点：一是建筑装修简素，追求自然风趣；二是多数园囿修建都有一定政治目的。例如南苑建造是为了行围、狩猎、大阅官兵，以不忘操练武备的重要性，整修北海白塔山，建立号炮、旗纛，主要有巡城防变、警戒京师的用意；修整畅春园是为了奉养皇太后；建造避暑山庄是为了木兰秋弥，练兵习武，警备北方外族的侵扰，并兼有第二政治中心的设想（图3-2）。

宗教建筑方面，虽然顺治、雍正皆对汉传佛教有深入的了解与信仰，但是占据宗教界统治地位的仍是藏传佛教。早在入关前，于崇德七年（1642）西藏的达赖、班禅就已经派遣使者到盛京（今沈阳）与皇太极联系，达成同盟，相互支持。清帝也在盛京四座城门外建造了四座喇嘛塔。入关以后，在北京建北海永安寺，顺治九年（1652）为迎接

图3-2　河北承德避暑山庄烟波致爽（寝宫）
（图片来源：乔匀，刘叙杰，傅熹年. 中国古代建筑［M］. 北京：新世界出版社，2002. 第256页.）

图3-3　甘肃夏河拉卜楞寺大金塔殿
（图片来源：孙大章. 中国古代建筑彩画［M］. 北京：中国建筑工业出版社，2006. 第278页.）

五世达赖进京谒见修建西黄寺，作为他在北京的驻锡之所。康熙三十年（1691）在内蒙古多伦建汇宗寺，四十八年（1709）甘肃夏河拉卜楞寺开始建造（图3-3），五十二年（1713）在承德建溥仁寺、溥善寺。雍正时在多伦又建善因寺，在库伦建庆宁寺，在四川噶达建惠远庙，在北京建嵩祝寺。顺治、康熙两帝都曾朝礼山西五台山，将其中10座寺院改为藏传佛教寺院，称为黄寺。初步奠定了北京、承德、五台山3处藏传佛寺中心地位。

清代在陵寝建造方面也基本遵循明陵制度，采取集中陵区的方式，形成规模庞大的气势。清初三陵（永陵、福陵、昭陵）在关外，为清帝爱新觉罗氏的祖陵。顺治入关后，于顺治十三年（1656）选定河北遵化马兰峪为清陵兆域（也称清东陵），而后雍正八年（1730）又选定河北易县永宁山为万年吉地（也称清西陵）。这两处的陵域选址皆为山环水绕、风景绝佳之处，反映出堪舆理论在建筑环境学方面的成就。

礼制建筑方面清廷基本沿用明代时期修建的各个坛庙，仅在雍正六年至七年间（1728-1729）增设建造了风神、云师、雷师之庙，使自然神祇坛庙系列化。出于政治目的和统治的需要，庙宇修建中最为突出的

图3-4　山东曲阜孔庙大成殿
（图片来源：乔匀，刘叙杰，傅熹年. 中国古代建筑［M］. 北京：新世界出版社，2002. 第197页.）

图3-5　山东曲阜孔庙大成殿内孔子神龛与匾额
（图片来源：黄明山. 礼制建筑——坛庙祭祀［M］. 台北：光复书局，北京：中国建筑工业出版社，1992. 第44页.）

是在全国各地广建文庙和关帝庙。顺治元年（1644）就敕封关羽为“忠义神武大帝”，康熙年间又在关羽家乡——山西解州按帝王规制复建全国规模最大的关帝庙。雍正二年（1724）曲阜孔庙发生大火，整座孔庙被焚毁，清政府动用国库重建了全部建筑，并将大成殿、大成门原来的绿色琉璃瓦改为黄色琉璃瓦（图3-4、图3-5）。所有这些均说明清代统治者利用儒家的礼教精神与关羽的忠义气节为其思想教化服务的政治目的。

清初至康熙朝的建筑营造继承和延续了明代的传统，对满、蒙、藏等民族文化兼收并蓄，又有所完善和发展，慢慢形成了清式室内环境营造的风格。雍正时期国内政治趋于平稳，朝廷在整顿吏治的同时又着手建立一系列规章制度。在建筑方面较突出的事件是雍正十二年（1734）颁布的清工部《工程做法则例》，将当时通行的几种建筑类型的基本构件做法、功限、料例逐一开列出来，目的是统一房屋营造标准，加强宫廷内外的工程管理。《工程做法则例》基本上是明末清初北方官式建筑技术与艺术的总结，反映了当时的建筑营造技术和艺术水平，同时此书也为乾隆时期的建筑大发展准备好了技术条件。经过康熙、雍正两朝的发展，经过“清乘明绪”到“参金酌汉”的蜕变，清代的室内设计逐渐形成了自己的风格特征。

3.1.1 室内空间的多重组合

清代的宫廷建筑和达官显贵的宅邸中常将功能不同或功能相近的建筑单体以不同方式组合成群体，方便往来，利于活动。除了官式建筑外，民居中规模大、品级高的当属贵族府第、官僚宅邸和地主富商大宅。这些家族人口众多，住宅规模庞大，建筑空间组织复杂，形成独具东方特色的居住形式。这些住宅庭院形式多变，附属建筑繁多，但基本上都维持合院的形制。

3.1.2 室内空间形态的丰富和复杂

随着人们生活的日益丰富，居室内远非一具床榻、一张座椅所能满足，需要根据不同的活动内容提供不同功能的空间。由于中国建筑的结构特点，空间分隔不受承重的限制，室内空间的营造十分自由，可以根据使用的需要随意进行划分或组合。而且随着使用功能的细化，室内空间必然由单一转向复杂，空间形态更加丰富，隔扇（也称碧纱橱）和仙楼作为新型的室内空间形态先后出现。

3.1.3 隔断形式日益丰富

清代室内隔断的形式非常多样，既有完全封闭的隔断墙，也有不完全封闭的半隔断或是活动性的隔断。这些隔断，既能分隔空间和通风采光，又能起到装饰美化室内环境的效果。从使用的材料来看，有砖、织物、竹、木等，其中应用最广、变化最多、成就最大的要数木质隔断。隔扇只是这类隔断中最常用的一种。

封闭性最强的是木隔断、隔扇，表面可以雕饰、糊纸、夹纱绸并绘画、刺绣，用于需要隐蔽的空间。各式花罩，通透隐现，虽隔亦连，用于休憩生活空间的分隔。几腿罩、栏杆罩等没有实质性的分隔作用，但有明显的艺术效果和装饰作用。室内丰富的分隔变换，带来内檐装修的兴盛发展。

3.2 从平淡简素到浮华绚烂——走向烦琐期

乾隆时期，建筑在继承前朝成就的基础上有所发展，技艺精湛，造型与装饰丰富多彩，达到历史的高峰。在这一时期，中国工艺美术品大量销往国外，明式家具、中国园林建筑等在西方成为时尚，并对欧洲巴洛克、洛可可艺术风格的形成产生影响。同时，西方文化也影响了中国的工艺美术，给清代图案带来了西方的装饰题材，使之具有洛可可风格的特点，沿海开放口岸出现西洋式建筑，朝廷也开始修建西洋式建筑（图3-6）。

当时全国上下、宫廷内外大兴土木，出现了一大批质量上乘、规模宏巨的建筑。这是封建社会建筑发展的最后一次高潮，在艺术上形成突出的时代风格，有的专家认为，若要探寻清代建筑的艺术风格，应以乾隆时期为典型代表，亦可称之为“乾隆风格”。在室内环境营造上也取得了前所未有的成就，平淡之后走向绚烂，而后逐渐趋向豪华、繁缛。

图3-6　清中期紫檀边座点翠竹插屏
（图片来源：胡德生. 明清宫廷家具大观［M］. 北京：紫禁城出版社，2006. 第371页.）

乾隆时期建筑大发展是有其经济基础的。当时耕地面积已由清初的500余万顷[1]，增至800余万顷，人口接近3亿大关（中国历代从未超过1亿人口，均在五六千万人之间徘徊），政府仓储4500万石[2]，而清初每年仅有600万石存粮，乾隆三十七年（1772）统计户部库存银两达7800余万两，与顺治时期入不敷出的状况不可同日而语。故当时称“是为国藏之极盛”。[3]

乾隆时期的建筑活动涉及各个方面，乾隆即位最初的10年，营缮范围多在北京宫城内外，如修缮太庙、孔庙、雍和宫；改建紫

1. 面积单位，100亩等于1公顷。
2. 容量单位，10斗等于1石。
3. 孙大章. 中国古代建筑史（第五卷）［M］. 北京：中国建筑工业出版社，2002. 第4页.

禁城内的乾西五所，将其建为重华宫、迎春阁、西花园，成为一组供居住、听政、游宴的建筑群（图3-7）；确定圆明园40景；乾隆十年（1745）开始营建圆明园东侧的长春园及香山静宜园等。此后，建筑工程量大增，十一年（1746）建北海阐福寺，十三年（1748）扩建西郊碧云寺，增建中路金刚宝座塔，十四年（1749）改建天坛圜丘坛（图3-8），使其建筑艺术面貌大为改观，十五年（1750）扩建玉泉山静明园，同年开始结合北京西郊水利开发建造万寿山清漪园。从乾隆十六年（1751）开始先后六次南巡江南，将江南名园胜景描绘摹写，仿建在北京西郊园林中，大大提高了皇家园囿的艺术品位。康熙南巡大部分目的是考察河工，巡视吏治，体验民情，而乾隆南巡完全是为了游宴观赏名山胜景，陶冶性情自娱自乐。十六年（1751）开始大规模扩建承德避暑山庄，历时40载，于乾隆五十五年（1790）完工，完成了三字命题的36景，以与康熙36景相对应。十九年（1754）还在山庄万树园内大宴五日，接见新归附的都尔伯特蒙古三策凌。同年还建成河北盘山"静寄山庄"行宫。可以说，皇家离宫园苑的建造全面铺开，全国上下一片升平之象。二十年（1755）又进一步改造北海东岸，建画舫斋、濠濮间一组建筑，使北海四面成景，改变了原明代西苑琼岛孤立的景象。从二十年（1755）至四十五年（1780）的25年间，在承德避暑山庄东面、北面山坡地上，相继修建了普宁寺、安远

图3-7　北京故宫长春宫内景
（图片来源：于倬云. 故宫建筑图典［M］. 北京：紫禁城出版社，2007. 第103页.）

图3-8　北京天坛皇穹宇内景
（图片来源：黄明山. 礼制建筑——坛庙祭祀［M］. 台北：光复书局，北京：中国建筑工业出版社，1992. 第8页.）

图3-9　河北承德普乐寺旭光阁内景
（图片来源：乔匀，刘叙杰，傅熹年. 中国古代建筑［M］. 北京：新世界出版社，2002. 第287页.）

图3-10　新疆喀什阿巴伙加墓高礼拜寺外殿
（图片来源：孙大章. 中国古代建筑彩画. 北京：中国建筑工业出版社，2006. 第292页.）

庙、普乐寺（图3-9）、普陀宗乘庙、殊象寺、罗汉堂、须弥福寿庙等寺庙。与康熙时建的溥仁寺、溥善寺一起，合称外八庙，成为京外的又一藏传佛教中心。这些寺庙的建造都带有一定的政治目的，如纪念击败准部，统一天山南北，庆祝达什达瓦部族内迁，或欢迎班禅内觐，或为乾隆60寿辰接待各民族王公贵族，所以这些建筑都吸纳了各地民族建筑的一些特点，对各民族建筑间的技术和艺术交流融汇产生了积极的影响（图3-10）。

此时期乾隆还命天主教传教士蒋友仁、郎世宁等在长春园北建造一组欧式宫殿及西洋水法（喷泉），建造了清漪园万寿山巅的3层佛香阁（图3-11），北海北岸的小西天观音殿，增辟圆明园漪春园（后改万春园），至此圆明园三园规模已经完全形成。三十七年（1772）又将康熙时建成的紫禁城东路宁寿宫重建，加大规模，增加内容，提高建筑装修质量，形成皇极殿、宁寿宫、养性殿（图3-12）、乐寿堂中路建筑的前朝后寝规制，东路畅音阁戏台及佛堂，西路宁寿宫花园。整个宁寿宫自成

图3-11 北京颐和园万寿山上的建筑
（图片来源：乔匀，刘叙杰，傅熹年. 中国古代建筑［M］. 北京：新世界出版社，2002. 第249页.）

图3-12 养性殿室内的隔扇与圆光罩
（图片来源：故宫博物院院刊. 2005年第10期.）

格局，乾隆皇帝准备作为归政后颐养之所。宁寿宫的建造是清代对紫禁城规划的重大改造。三十九年（1774）以后，因编纂和收藏四库全书的需要，在北京、热河、盛京、杭州、镇江、扬州一共修建文渊阁、文津阁、文溯阁、文澜阁等7座藏书楼，俗称“清代七阁”。四十三年（1778）建盛京天坛、地坛，四十七年（1782）建香山静宜园大昭庙，四十八年（1783）建盛京宫殿内的戏台、斋堂等建筑。五十年（1785）以后，建筑活动明显减少，因乾隆年逾古稀，游览赏玩的兴致已减，所以敕建建筑工程的数量随之减少。

乾隆时期全国各地的土木建筑均有巨大的发展。如私家园林修建的热潮迅速遍及江南地区，以苏州、杭州、扬州为盛，尤其是扬州因盐商丛集，享乐之风漫延，又借乾隆南巡之机，因此城西瘦西湖至平山堂一带，私园一座接着一座，相互因借渗透，而且结合自然环境都向水面敞开。河湖之中画舫终日鱼贯，笙歌不断，湖光映色，楼台含情，从园林环境艺术上讲，可以说达到封建社会的顶峰（图3-13）。

乾隆时期的宗教建筑除上述敕建的大批藏传佛教寺院外，还有西黄寺为班禅六世所建的清净化城塔，它是一座颇具特色的金刚宝座式塔。清王朝统一新疆以后，在伊犁建普化寺，在科布多建众安庙等多处寺

图3-13　清代苏州繁忙的怀胥桥商市
（图片来源：戴逸，龚书铎. 中国通史・彩图版・第四卷［M］. 郑州：海燕出版社，2000. 第157页.）

图3-14　青海塔尔寺大经堂
（图片来源：孙大章. 中国古代建筑彩画［M］. 北京：中国建筑工业出版社，2006. 第281页.）

图3-15　西藏拉萨布达拉宫入口门廊
（图片来源：黄明山. 佛教建筑——佛陀香火塔寺窟［M］. 台北：光复书局，北京：中国建筑工业出版社，1992. 第75页.）

庙。此时对一些始建于明代的大型寺庙进行扩建的工程也很多，如塔尔寺的大经堂扩成具有144根内柱的大建筑（图3-14），西藏拉萨大昭寺也大规模扩建，布达拉宫自17世纪中叶扩建至乾隆时期也已基本完成（图3-15），甘肃夏河拉卜楞寺基本上也是乾隆时期完成的。至于其他宗教建筑如银川海宝塔、鹿港龙山寺、吐鲁番额敏塔礼拜寺等，也都是有特色的建筑。

乾隆时期的工程技术也有较大的进步，如利用木材包镶技法将小料拼接成大料，以解决木材缺乏的困境。结构方面也有创意，此时已不再重视千百年传留下来的以斗拱为特征的构架方式，而用框架法构建出较大型的高层建筑，如颐和园佛香阁、普宁寺大乘阁、安远庙普度殿、承德避暑山庄清音阁大戏台、北海小西天观音殿等建筑。乾隆时期建筑上的巨大成就很大程度表现在建筑装饰方面。雕刻技艺（砖、木、石三雕）十分发达，不仅宫廷建筑应用，也推延到民间庙宇、祠堂、大宅以及商业建筑中（图3-16、图3-17、图3-18）。

方咸孚先生在《乾隆时期的建筑活动与成就》一文中将乾隆时期的建筑风格总结为三点："保留各民族、各地区的独特风格""新的建筑类型萌芽"和"由严谨走向烦琐浮夸"。[1] 有较多学者持类似的观点。这个时期的室内环境营造成就反映了乾隆皇帝的一些营造理念，并落实在对宫廷室内环境营造的具体要求上，进而影响到全国，是对清代整个室内环境营造行业的促进。在装饰方面，乾隆时期整理总结了以前所使用过的种种内檐装修语汇，进而对装修上所使用的装饰工艺纹样也融会贯通。整体上讲，乾隆时期对内檐装修营造及其内含物的设计制作具有划时代的作用，清代中期的内檐装修做法规则也因例而立，其涵盖之广、

图3-16　浙江宁波庆安会馆石柱础（图片来源：庄裕光，胡石．中国古代建筑装饰·雕刻［M］．南京：江苏美术出版社，2007．第275页．）

图3-17　安徽祁门县大观桥坑口村古戏台檐下木雕（图片来源：庄裕光，胡石．中国古代建筑装饰·雕刻［M］．南京：江苏美术出版社，2007．第51页．）

1. 方咸孚．乾隆时期的建筑活动与成就［J］．古建园林技术，1984年第4期．

图3-18　杭州胡庆余堂砖雕门楼
（图片来源：庄裕光，胡石．中国古代建筑装饰·雕刻［M］．南京：江苏美术出版社，2007．第196页．）

算度之精，成为后世所遵循的楷模和典范。

嘉庆时期绝少建造较大规模的工程，大部分为修缮整理。嘉庆十四年（1809）扩大圆明园中的绮春园，仅将附近公主、亲王的赐园并入，并无新的兴建。此时敕建工程几乎停止，仅局限在皇陵、宫殿的建造上。由于经济衰颓的困扰，民生转艰，因此追求精神寄托的民间宗教建筑反而有所发展。富商地主和权贵们纸醉金迷的享乐生活进一步加剧，促使私园数量增加，如扬州个园（图3-19）、苏州寒碧山庄、北京恭王府（图3-20）皆是这时期的佳作。

嘉庆时期，室内环境营造即便不是抱残守缺，也没有更多的创造。内檐装修更偏重于装饰，片面追求工艺手段的难能与奇巧，虽然工艺技术取得较高的成就，但装饰繁缛堆砌，格调不高，总体上呈现衰落的趋势。走向烦琐期室内环境营造的艺术风格主要表现在以下几方面。

图3-19　江苏扬州个园清颂堂
（图片来源：庄裕光，胡石. 中国古代建筑装饰・装修［M］. 南京：江苏美术出版社，2007. 第277页.）

图3-20　北京恭王府戏楼内景
（图片来源：孙大章. 中国古代建筑彩画［M］. 北京：中国建筑工业出版社，2006. 第254页.）

3.2.1 室内环境营造的整体协调

乾隆以降，以家具为主体的室内陈设艺术的设计、选择和搭配逐渐成为室内空间环境营造的主体，家具和陈设艺术通常与装修形式统一考虑，整体配套设计，共同形成艺术综合体。对于室内装修、家具、陈设的花纹、颜色等具有统一全面的考虑，而且从设计到制作都有一定的创新和提升，较之过去按程式化的规定依等级高低制作，艺术审美的效果及水平要高得多。

3.2.2 运用纹样、雕饰赋予室内环境艺术感染力

清中期以后，宋明两代建构、晚明时期成熟的文人士大夫的生活方式和情趣得到延续和发挥，更加注重物质生活方面的享受，因此，室内空间的功能更加细化，空间的分隔更为精细，装饰更为多样。室内采用不同的空间处理手法，如各种花罩、博古架、书格、门、窗、隔扇、精巧的小仙楼等，装饰手段多种多样，如质地多样的匾联、贴落、彩画、雕刻等，形式、色彩、质感、纹样异彩纷呈。清代建筑的室内环境就是精彩纷繁的装饰艺术世界，充斥在建筑室内外装修中的雕饰物和彩画令人目不暇接。不同的纹样，不同的造型，丰富的色彩，林林总总，变化万千。这些雕饰和彩画全以吉祥纹样为主题，有着一定的文化内涵和寓意，表达着人们的美好愿望和期求、对高雅情操的崇敬。

3.2.3 室内装修工艺技术高度发达

清代工艺技术得到空前的发展。所有工艺技术中，对建筑室内环境营造艺术影响最大的是石、砖、木三雕技艺。雕刻技法不仅是线刻、浮雕、透雕，而且创造了叠雕、套雕、镂空雕、嵌刻等技法。这时的建筑装饰还大量引进其他工艺美术的技法及其构图形式，如嵌镶类就有玉石、景泰蓝、骨蚌、嵌竹、硬木贴落等诸种，裱糊用纸不下数十种，装饰性织物有锦、绫、绸、绢、纱、缎等60类，并表现出各种织法及图案，可谓美轮美

奂（图3-21）。乾隆时期的宫廷建筑彩画已经形成和玺、旋子、苏式三大类，艺术表现力大为增强，且富于色调感和图案美。乾隆时宫廷内设立如意馆，集中全国绘画、雕琢、玉器、装裱、器皿制造各方面的能工巧匠，专门负责宫廷陈设及装饰品的设计及制造，精工巧构，不惜工本，大大提高了陈设用工艺美术品的水平。宫廷内务府造办处特设南木作，专门从事内檐装修、造作花罩及小器物，征用南方工匠制作，作工细腻，花样繁多，有些装修花罩在江宁当地制作雕刻，成型后运至北京安装。总之，乾隆时期将具有高水平的工艺品技艺与室内装修结合起来，将南北装饰艺术风格融合在一起，开辟了建筑室内装饰艺术繁荣的新途径。

图3-21 北京故宫养心殿斑竹拼贴冰裂纹紫檀透雕折枝梅嵌玉隔心隔扇
（图片来源：故宫博物院古建管理处. 故宫建筑内檐装修［M］. 北京：紫禁城出版社，2007. 第153页.）

3.2.4 室内装修走向繁缛

经历了明代的简素和清初的典雅，再加上工艺技术的高度发达，乾隆时期的室内环境营造逐渐化简素为雍贵厚重，把清初的典雅大气衍化转换成繁缛富丽的艺术特征，逐渐走向烦琐。在室内装饰上追求“多”和“满”，千方百计地造成一种豪华、富丽、大富大贵的效果。嘉庆时期逐渐走向衰退，装饰虽精致纤巧，眩人耳目，但堆砌造作，繁细琐屑，虚伪矫饰，艺术趣味已日趋猥琐，使得乾隆朝所形成的活泼之气消散于后来的烦琐之间，工艺技术的高超让人们在惊叹之际不仅有叹息之感，实在是为高超的技艺所累、所害，所以清代建筑的室内环境营造在重视装饰性审美的同时，在一定程度上也带来了对整体性和文人意识艺术品位的破坏。

3.2.5 吸取不同地区不同民族以及国外装修做法

明末清初动乱之余，各地人口损耗不等，加之清代前期平定西疆，扩大版图，为此全国人口自然流动及移民戍边等项活动规模空前，移民自然将各民族、各地区的建筑文化和形式传播到全国各地，空前的民族大融合使中国建筑文化色彩斑斓。清代，借鉴学习江南建筑技艺的风气由于帝室的倡导而变得更为普遍，尤其建筑装饰方面在乾隆年间达到高峰。实际上清代的技艺交流也不仅限于南艺北移，而是多向流动（图3-22）。可以说，清代时期由于政策、经济及交通条件的改善，在建筑技艺交流方面开创了历史最佳环境。

凡是有可取之处都为我所用，这种既保存传统又不墨守成规的思想，

图3-22　广东佛山祖庙珍藏阁满周窗，清初由荷兰传教士带入中国，通行于广东民间
（图片来源：庄裕光，胡石. 中国古代建筑装饰·装修［M］. 南京：江苏美术出版社，2007. 第159页.）

正是乾隆时期的室内环境营造能形成独具特色的风格的重要原因之一。

3.3 从因循守旧到崇慕洋风——外来影响期

嘉庆、道光时期清王朝衰颓迹象已见。嘉庆以后清廷政治腐败，政局动荡，国内农民起义不断。道光二十年（1840）中英鸦片战争，以清廷失败而告终。闭关自守的封建王朝大门被打开，资本主义经济进入中国，中国开始走向半殖民地半封建社会。清代统治者在内部农民斗争，外部帝国主义侵略及统治阶级日益腐败的状况下，走向崩溃的境地。

这个时期清廷大型的新建项目已经不多，大多是对已建宫殿的修缮和改建。在艺术风格上，因循守旧、修补维持、华靡烦琐、崇慕洋风是该阶段建筑室内环境营造的主要特点，此后再也没有出现过规模庞大、气势恢弘、蓬勃向上的室内环境营造的艺术风格（图3-23）。

图3-23　北京故宫储秀宫东次间及东稍间
（图片来源：胡德生. 明清宫廷家具大观［M］. 北京：紫禁城出版社，2006. 第696页.）

图3-24 四川成都洛带川北会馆小议事厅
（图片来源：庄裕光，胡石．中国古代建筑装饰·装修［M］．南京：江苏美术出版社，2007．第261页．）

图3-25 天津杨柳青石家大院戏台
（图片来源：庄裕光，胡石．中国古代建筑装饰·装修［M］．南京：江苏美术出版社，2007．第253页．）

而民间却有不同，嘉庆以来游乐性的戏园进一步发展，北京内城为旗人居地，原有禁令不准建设戏园，但道光时出现了泰华轩、隆福寺、景泰园，至于外城正阳门外更是戏园、饭庄林立，大栅栏的庆和轩、肉市的广和楼皆为著名者，演出除岔曲、说书之外，京剧已经盛行开来。演戏之风必然影响到会馆这类商业和聚会功用的建筑，会馆内皆增设戏台，以供酬神、祭祀、联络乡情之用（图3-24），会馆的营造风行一时，在室内环境营造上形成一个独特的风景，时有惊喜。此时期，民间住宅的密度增加，规模变小，但装修考究，装饰繁多，流于庸俗（图3-25）。

3.3.1 因循守旧

道光二十年（1840）中英鸦片战争，在帝国主义的坚船利炮之下，清廷的腐败无能暴露无遗，结果清廷战败，签订了丧权辱国的中英江宁条约，割地赔款，准允5个沿海口岸通商，中国从此开始了半殖民地半封建社会，标志着中国古代社会的终结。但是作为中国古代传统的建筑活动，并没有随着社会经济的变革而中止，它的许多方面仍在继续，主要表现在民宅建设方面。除沿海、京畿等地区吸收西洋土木建筑技术，开始建造砖木、砖石、钢筋混凝土结构的建筑以外，大部内陆地区仍沿用传统建造方式，以木构架为主。城市的地区性会馆也向行业性会馆转变，如上海的木商会馆等，由于商品流通量增大，贸易活动增多，城市消费扩展，城市中店铺的室内环境和店面大为改观。

在清代宫殿园囿大规模营建工程的背景下，宫廷内檐装修的项目也集中兴造。考察室内环境营造与实施项目的数量和密集程度，终清一代曾经呈现出两个营造的高峰时期：清代中期的乾隆、嘉庆朝和清代晚期受到慈禧太后深刻影响的同治、光绪朝，比起康雍年间的土木初兴，以及道咸年间的守成和萎缩，这两个时期的土木工程都是规模可观的，这与清代的两个重要历史人物——乾隆皇帝和慈禧太后密不可分。

这个时期在宫廷建筑方面除因火灾重修紫禁城的武英殿、太和门、天坛祈年殿以外，最大的举措是慈禧太后那拉氏为了游宴之需，重修被英法联军烧毁的清漪园，并更名颐和园，建园资金全部为挪用海军建设经费。工程进行了10年，自光绪十四年至二十四年（1888-1898）除后山以及其他少数景点以外，基本恢复了乾隆时的面貌。但也做了局部修改，如增建了东宫门区的宫殿建筑，建造了德和园大戏楼（图3-26）等。此外，慈禧太后还动用巨大的财力，为自己营造了清东陵的定东陵园寝，其建筑中的楠木装修、片金和彩画、刻砖贴金等建筑装饰极尽奢靡之能事（图3-27）。当时清廷已内外交困，朝不保夕，这种大兴土木现象仅是其灭亡前夕的回光返照而已。

另一个有趣的现象是在清代晚期室内环境营造中对外来影响的态度。慈禧太后无法回避当时大量涌入中国的“西洋”风格，而当时的传统工艺也只能部分地消化“西洋”的装饰式样和做法。与乾隆时期相比，慈禧太后没有将西洋建筑安放在后花园的气度，因而只好在装修细部和室内罩隔中大量使用西洋装饰纹样（图3-28）；慈禧太后没有高水平的效力内廷的西方艺术家的服侍，因而也无法将当时最时尚的风格融入

图3-26　北京颐和园德和园大戏楼内景
（图片来源：孙大章．中国古代建筑彩画［M］．北京：中国建筑工业出版社，2006．第231页．）

图3-27　慈禧定乐陵西配殿内景
（图片来源：乔匀，刘叙杰，傅熹年．中国古代建筑［M］．北京：新世界出版社，2002．第240页．）

图3-28　北京故宫慈宁宫楠木隔扇
（图片来源：故宫博物院古建管理处. 故宫建筑内檐装修［M］. 北京：紫禁城出版社，2007. 第167页.）

图3-29　北京颐和园玉澜堂内景
（图片来源：（意）马尔科·卡塔尼奥，雅斯米娜·特里福尼. 郑群等译. 艺术的殿堂［M］. 济南：山东教育出版社，2004. 第312页.）

到宫廷建筑当中。尽管如此，还是在室内环境的营造上达到又一个高峰（图3-29）。“怎样形容都无法道出这所御花园的辉煌、绚丽和壮美。它的入口或接待厅都铺砌着大理石，并且用最华贵的格调漆成了美丽的金色、天蓝色和绯红色。”“皇帝的宝座用雕刻精美的木料制成，而其坐垫则是用黄金做成的龙来镶饰，这让所有的人都感到羡慕。皇家园林里面的每个房间和客厅都布置得非常漂亮，成卷的丝绸、锦缎和织纱都有极好的做工。”[1]

除此之外，清代晚期还有其幸运的一面，当时中国传统营造工艺一息尚存，于是营造工程还有赖以生存的基础，工艺水平、工程质量虽

1. 郑曦原. 帝国的回忆——《纽约时报》晚清观察记1854-1911［M］. 北京：当代中国出版社，2007. 第182页.

图3-30　北京故宫储秀宫内正间原悬有乾隆皇帝御书“茂修内治”匾，慈禧换挂“大圆宝镜”匾
（图片来源：故宫博物院. 紫禁城［M］. 北京：紫禁城出版社，1994.）

“偷、漏、浮、冒”情况严重，但仍有基本保障。这也确实是在传统营造工艺技术失去自我的今天，在老则老矣、新无以继的时代，那个没落王朝还有值得羡慕和回味的东西。

乾隆皇帝与同治、光绪皇帝的设计指导思想有很大差别。乾隆皇帝在室内空间的营造中追求的是建立大清宫廷文化的秩序性和体现宫廷园林文化的文人特性。而乾隆笔者雍容华贵、洒脱风雅的气质，则决定了内檐装修装饰、工艺的风格趣向。至于同治和光绪二朝，宫室在内檐制度上的追求基本上没有什么创新，只是停留在竭力对前代进行模仿的状态，再加上慈禧太后审美趣味的影响，具体来说，就是偏爱“敞亮”效果的建筑空间、喜好复杂的装饰纹样、追求富含寓意的装饰主题等，所有这些偏好在很大程度上决定了当时宫廷建筑室内环境营造的方向（图3-30）。

3.3.2 崇慕洋风

1840年以后，“西洋”式建筑作为消遣的玩物在皇室宫苑中再一次被大量建造。1893年，慈禧在重修的颐和园中建造了西式装饰风格的清晏舫。清晏舫为两层木结构西式舱楼，模仿翔凤火轮的顶舱式样，并在船体的两侧加了两个机轮，取“河清海晏”之意，命名为清晏舫。清晏舫的内外装修均采用了西式风格的处理手法，如：墙柱油饰成大理石纹样；作券窗；镶嵌五色玻璃；底层采用花砖铺地等（图3-31）。

1898年，在俗称“三贝子花园”的清傅恒三子福康安贝子的私人园邸中建起了西式的畅观楼，“楼纯洋式，布置分三层。……上层别无陈设

图3-31　颐和园清宴舫
（图片来源：（意）马尔科·卡塔尼奥，雅斯米娜·特里福尼. 艺术的殿堂［M］. 郑群等译. 济南：山东教育出版社，2004. 第312页.）

图3-32　北京恭王府花园的西式大门
（图片来源：作者自摄）

可述，惟势接重霄，登高眺远，可以赏心悦目，以故高人逸士恒往来其间吁凭拦一望，则见西山拱其前，都城环其后。茫茫千里，河山著带之雄；皓皓万民，草野有安宁之象。睹云烟而如画，觉宇宙之皆空——此则畅观楼之所由名也。”[1] 1904年，另一座西式建筑海晏堂在宫苑禁地西苑仪銮殿旧址上建成，“太后于建筑之进行，甚为注意，并决定其中陈设，悉用西式，仅御座仍旧制。”[2] 北京恭王府中也出现了西方建筑的要素（图3-32）。

1901年清廷在流亡之地西安宣布变法，被动地开始实行新政。西方文化在中国社会引起较大反响是从“西教”开始的，经过洋务运动和戊戌变法两个阶段后，学习并引入西方的技术、文化乃至制度成为清朝末期社会的一种潮流。洋务运动侧重于物质文明的构建，戊戌运动侧重于精神层面的构建，在这一过程中，中国的思想文化领域也逐渐从制度层面的文化嬗变转入人文意识和精神层面的文化嬗变。思想观念的转变促进了中国社会的近代化转变和进程，反映在建筑和室内环境营造领域中，是中国近代主流城市如上海、广州、天津、大连、武汉、哈尔滨、青岛等的迅速崛起和

1. 镜虚. 重游万牲园记. 余兴，第二十六号，1917. 第122-124页.
2.［清］小横香室主人. 清朝野史大观［M］. 上海：上海书局，1981. 第112页.

发展，以及受其潮流影响中国近代边缘城市如济南等发生的巨大变化。这一时期，从官方到民间到处都弥漫着崇慕洋风的空气。

1901-1911年，除了开放商埠城市营建的建筑外，清政府在北京建造的官方建筑全部采用西方建筑的样式，这些建筑的室内环境形式不复存在，而且已不可考，想必也一定是西洋风格的。古都北京发生巨变，在中国近代建筑史发展兴盛期的前期与中期（1900-1927）发展成为中国近代主流城市。1910年清政府聘请德国建筑师罗克格（Curt Rothkegel，1876-1945）设计资政院（图3-33），在经历了4年的筹建和基础工程建设后，由于种种原因未建成。1910年建成的外务部迎宾馆东楼（图3-34），1911年建成的大理院和军咨府等都是这一时期建造的西洋风格建筑。此

图3-33 资政院（1910）
（图片来源：张复合. 北京近代建筑［M］. 北京：清华大学出版社，2004. 第114页.）

图3-34 外务部迎宾馆东楼（1910）
（图片来源：张复合. 北京近代建筑［M］. 北京：清华大学出版社，2004. 第116页.）

图3-35　北京潞河中学谢氏楼（1893）
（图片来源：张复合．北京近代建筑［M］．北京：清华大学出版社，2004．第123页．）

外，还有一些学校建筑，如京师法律学堂（1905）、汇文大学校、京师女子师范学堂、京师大学堂，以及北京潞河中学建于1893年的谢氏楼（图3-35）、文氏楼、卫氏楼等都采用了西洋建筑的样式。

在民间，由于缺乏对西方世界的了解，对于普通的中国百姓，西方文化完全是一种陌生而又新奇的文化。面对突如其来的西方殖民者，人们充满了强烈的好奇心。1843年，当上海驻沪领事馆在县城租下顾姓一所大宅院作为临时馆舍时，这所大宅院“立即成为全城注目的地方。因为在最初的几天，中国人就像上博物馆那样到这里来参观。成群的观光者包括男人、女人和小孩，整天在各个房间走来走去。他们走到楼上，注视着白人日常生活中的琐碎细节：吃食、修面、洗脸、阅读和睡觉。”[1] 西方人把他们自己原有的生活方式全盘搬到中国来，他们的住宅宽敞明亮，装修华丽，有专门的会客厅、书房、卧室、卫生间、厨房等，有的还有花园、回廊，甚至私家舞厅。使用的家具和器物全部由海外运来，

1.［英］霍赛．出卖的上海滩［M］．纪明译．北京：商务印书馆，1962．第7页．

有钢琴、沙发、地毯等豪华家具和材料。西方的城市环境、建筑物、家具以及其他各种器物，还有他们所营造出来的生活方式，已完全被复制到上海及其他开埠城市（如天津、武汉、广州等）。

中国人的生活方式在晚清时期开始转变，完成了其“现代转型”。生活方式的“现代转型”实际上就是“西方化”，毋庸讳言，西方的生活方式确实是优于中国几千年传承下来的生活习俗，无论是皇族，还是官民，作为个体的人，为了生活的舒适而崇慕洋风也就无可厚非。这种影响深入到生活中的方方面面，衣、食、住、行无不受到西方社会的影响。在沿海和经济发达的城市和地区，随着社会不断发展，人们逐渐感受到西方生活方式便利、卫生和舒适，渐渐适应和习惯了西方的生活方式和居习，他们的生活也变得中西合璧。

光绪九年（1883）建成的扬州寄啸山庄玉绣楼，无论是建筑外观，还是室内装修和陈设，显然受到西洋建筑风格的影响。园主的卧室是套间，寝卧空间的大部分家具和陈设都是西洋式的，如五斗橱、高浮雕柱床及床头柜、电风扇等。卧室的后隔间通过拉门与寝卧空间连通，内有阔大的西式梳妆桌和小圆桌；在主人的书房内，装修和陈设样式的西式特征更为明显，如壁炉、衣镜、台灯、吸顶灯、唱机、高背椅及顶棚圆形造型等，一派浓郁的西式风情。西式装修要素和器物与同处一室的晚清大理石面冰片纹四屉书桌、清式博古架、明式圈椅、清式花几及挂衣架、摇椅等构成了典型的折中式室内陈设样式（图3-36、图3-37）。沿海城市在经济文化和习俗上的快速变迁和发展，必然对内地城市产生强烈的辐射影响，这种影响涉及经济、文化、科技乃至生活习俗等方方面面。沿海城市由于与西方国家接触的比较深入和全面，因此很快学习到西方发达国家的科学技术和生活方式，往往得风气之先，在吸纳和消化后自然会迅速向内地传播。

迁都后的国民政府首都南京（1927-1949）因“都城十年建设（1927-1937）”而在这一时期取代北京成为中国近代主流城市，更重要的中国近

图3-36　江苏扬州寄啸山庄园主卧
（图片来源：刘森林. 中华陈设——传统民居室内设计［M］. 上海：上海大学出版社，2006. 第129页.）

图3-37　江苏扬州寄啸山庄卧室
（图片来源：刘森林. 中华陈设——传统民居室内设计［M］. 上海：上海大学出版社，2006. 第129页.）

代主流城市包括以租界区为主体发展起来的商埠城市上海、天津，租界区与华界区同步发展的商埠城市武汉，中国近代建筑史上的先驱城市广州，及1900年前后诞生出租借地的城市如青岛、大连，铁路附属地城市如哈尔滨等，这一批中国近代主流城市共同构筑了中国晚清到民国时期建筑史发展兴盛期（1900-1937）的主要建筑舞台。这一时期演出的大戏就是西方复古主义和折中主义建筑的克隆与传播，成为这一时期中国建筑史发展的主流趋势，这一发展趋势也波及处于内地的中国近代边缘城市。除社会、人文等方面因素的影响外，直接影响这一发展趋势的重要因素是大批西方职业建筑师进入中国建筑市场从业，基本上改变了1900年以前主要由业余的传教士建筑师、土木工程师甚至其他业余爱好者从事建筑设计的状况。而作为这一时期学习西方成果之一的留学归来的第一代中国建筑师群体的形成，也对这一发展趋势产生了推波助澜的作用（图3-38、图3-39）。

中国近代建筑史发展兴盛期的前期与中期（1900-1927），建筑室内环境营造发展的主流趋势是西方复古主义、折中主义建筑的克隆与传播，这种趋势直到1927年以后才有根本性的改变。中国近代建筑史发展

图3-38　上海仁记洋行转角局部（1908）
（图片来源：蔡育天，钟永钧．回眸——上海优秀近现代保护建筑［M］．上海：上海人民出版社，2001．第60页．）

图3-39　三井物产公司上海支店室内楼梯栏杆（1903）
（图片来源：蔡育天，钟永钧．回眸——上海优秀近现代保护建筑［M］．上海：上海人民出版社，2001．第57页．）

兴盛期的后期（1927-1937），现代主义建筑运动的影响波及中国，使中国近代建筑产生向现代主义建筑过渡的趋势，并逐渐取代西方复古主义、折中主义建筑而成为中华民国时期建筑发展的主流趋势。当时重要的建筑发展趋势还有第一代中国建筑师对中国建筑民族形式的探索和尝试。从而形成这一时期向现代主义过渡的趋势、西方复古主义和折中主义建筑克隆现象的继续，及中国民族形式建筑探索（图3-40、图3-41）三者共存的多元化发展趋势。

中国近代建筑历史时期的西方复古主义风格与折中主义风格并没有很严格的界线，复古主义风格的作品并不纯正，或多或少，或有意识或无意识，以某种风格为主，往往掺杂了其他艺术风格的装饰形式构成要素，也可成为以某种艺术风格为主的局部折中主义的室内环境装饰，但这与有意识地将各种不同时期、不同风格的装饰形式构成要素混杂使用的折中主义风格不同，仍属复古主义风格范畴。如中国建筑师沈理源（1890-1951）设计的天津盐业银行就将西方古典科林新柱式的柱头按中国的回形纹饰加以改造，但从整体上看盐业银行仍属以西方古典主义风格为原型的复古主义风格范畴。

西方复古主义与折中主义风格的室内环境装修在中国的克隆并不纯正，对这些装修形式的识别应从整体效果着眼。罗小未在论及上海外滩建筑风格时这样说道："总的来说，外滩建筑风格除了少数几座属早期现代式之外，绝大多数是复古主义、折中主义的。复古主义、折中主义是19世纪西方官方与大型公

图3-40 上海特别市政府门厅
（图片来源：蔡育天，钟永钧. 回眸——上海优秀近现代保护建筑［M］. 上海：上海人民出版社，2001. 第25页.）

图3-41 成都华西协和大学懋德堂室内中庭原始设计图
（图片来源：《华西协和大学》）

共建筑的流行样式，它们的特点是恢复与运用19世纪以前的建筑词汇、母题与比例进行创作。复古主义主要是起用古代希腊与罗马时期、中世纪罗马与哥特时期、16～18世纪文艺复兴时期、17～18世纪古典主义时期的词汇与母题；而折中主义则有意在一座建筑中把不同时期的词汇（甚至是古埃及或东方的）并列在一起。由于复古主义所复的‘古’范围很广，因而在识别时除了时期的区别外还经常会冠以什么地什么国家的说明。例如文艺复兴可有意大利文艺复兴或其他什么国家的文艺复兴；古典主义也可有法国古典主义或什么国家的古典主义等。由于复古主义、折中主义正如现代人用古文来写文章一样，除非有意以假乱真，否则是不会把自己囿于某一朝代的词汇上的，故在识别时常会有意见分歧，但分歧不等于不能识别，一般是先看总的综合效果，再看它的局部与细部。”[1]

西方复古主义和折中主义装饰风格的克隆与传播是中国近代室内环境营造发展兴盛期的前期与中期（1900-1927）的主流发展趋势，但其影响也一直持续到发展兴盛期的后期（1927-1937），但仍要强调1900-1910年的清末是西方复古主义和折中主义风格在中国克隆与传播的盛期。

在明代建筑室内环境营造已经取得成就的基础上，清末之前室内环境营造的艺术形式出现了精致化、雅致化、世俗化等多种趋势。无论是皇家宫殿、园林建筑，还是商业建筑、宗教建筑，乃至民间住宅等，几乎所有类型建筑的室内环境营造发展到清代中期阶段，都进入中国历史上最为鼎盛和辉煌的时期。在营造技术和加工工艺上，清代的建筑是在前朝基础上的总结与发展，得到很大的提高和空前的进步；在室内空间和功能布局上，室内空间的类型丰富，分隔和营造空间的手段更为多样；在结构和材料上，结构上更加简单和实用，用材上更为讲究和多样；在家具和工艺品上，类型空前多样繁杂，制作工艺异常发达。除了实用技术的不断提高，民居建筑室内环境的审美价值也在这一时期得到很大的提升，在明代的基础上取得长足的进步和发展，宋明两代建构起来的文人士大夫的鉴赏品位和消费文化，到了清代得到了延续并发生变异。

晚清到民初，受到西方文化的影响，中国的室内环境营造呈现出非线性发展的态势，出现了一种“多元化”趋势，开始了其发展历程上的“转型”。处于转型初期的清末民初的建筑是中国建筑和室内环境营造发展的历史中承上启下、中西交汇、新旧接替的过渡阶段。1840年鸦片战争使中国步入了半殖民地半封建的近代社会，以此为开端的中国近现代建筑的历史进程，是被动地在西方建筑文化的冲击、激发与推动之下展开的。一方面是中国传统建筑文化的继续，另一方面是西方外来建筑文化的传播，这两种建筑活动的互相作用（碰撞、交叉和融合），使中国清末民初时期的建筑室内环境营造进入一种错综复杂的时空，营造现象比同时期其他任何一个国家都要丰富和复杂，室内环境营造呈现出一个多元化的态势。

1. 罗小未. 建筑纵览. 上海百年掠影［M］. 上海：上海人民美术出版社，1994. 第78页.

第 4 章

复杂与多样

——清代室内环境营造的空间形态

中国古代建筑的结构体系为木框架结构，在这种结构体系中，用来分隔室内空间的隔断和设施都可以与结构不发生任何力学上的关系，尽管每一个建筑单体的形体空间比较单一，但在内部空间的组合和塑造上却异常自由。到了清代，由于营造技术的进步，室内空间的营造有了前所未有的发展，清代建筑的室内空间无论是在群体的组合上，还是单体内的营造上，都远远超越前代。在清代建筑中，室内空间的界面主要分为顶棚、墙面、柱面、地面、门、窗六大类。顶棚有藻井、井口、海墁、纸顶，以及其他诸如轩顶、彻上露明造等；墙面有抹灰、裱糊、护墙板、清水砖墙等；柱面一般油漆饰面，色彩多样；地面有砖墁地、木地板、夯土地面、地毯、石板、卵石等；门有板门、隔扇门、屏门等；窗有槛窗、支摘窗、满洲窗、横披窗、花窗等。与前朝相比，清代室内环境空间的界面装修做法和形式只是更加丰富和多样，没有质的变化，因此本章对空间界面装修的做法不做过多论述。

空间的丰富必然带来营造空间方式的多样，在清代建筑的室内空间中，隔断是最为常用的。所谓隔断，就是室内空间分隔的设施，分为固定式和移动式两种。秦汉以来中国传统建筑室内环境一直使用的帷帐和屏风，作为分隔空间的隔断，只是一种可以移动和变换的隔断设施，具有一定的局限性，因此起到的分隔空间作用非常有限。宋代出现了类似于隔扇的截间格子，明代的隔断形式得到空前的发展，逐渐走向成熟。到了清代又有所发展，出现了新的隔断样式。室内隔断的形式非常多样化，既有完全封闭的隔断墙，也有不完全封闭的半隔断或活动性的隔断。这些隔断，既能分隔空间和通风采光，又能起到装饰美化室内环境的效果。从使用的材料来看，有砖、石、木、竹、纺织品、纸等，其中应用最广、变化最多、成就最大的要数木质隔断，造型多样、装饰精美的隔扇只是这类隔断中最常用的一种。

4.1 清代室内空间的类型

在中国传统的室内环境营造观念中，大部分的室内空间是要求划分而不做绝对的封闭，要求变化的同时又要有连通和连续的过渡，这和现代的室内设计观念基本是一致的。李允鉌先生认为："并不是一种巧合，或者为了取得一致，或者基于美学理论，而二者同时都是基于'标准化'的平面以及'框架'式结构的共同条件下的产物。"[1]尽管清代建筑形制多种多样，不同建筑的室内空间功能也各不相同，但根据室内空间的使用功能和性质，大致可以归纳为以下几种类型。

4.1.1 厅堂空间

厅堂是中国传统建筑中重要的室内空间，"古者之堂，自半己前，虚之为堂。堂者，当也。谓当正向阳之屋，以取堂堂高显之义。"[2]传统厅堂空间讲究空旷高大、庄严神秘，是聆听圣谕、借鉴教化、行规立矩之所，神性化的空间，体现圣、祖、神的神圣与伟大，就连匾额或壁上的条幅也是圣上、先贤或祖先的谆谆告诫。实际上，厅堂礼仪行为的主体是以宗法伦理为支撑面的宗教，它在国家、宗族、家族乃至家庭之中牢牢占据着统治地位，厅堂中十分强调上下、尊卑、长幼、亲疏的等级与差别（图4-1）。

厅堂一般有两种类型：正规礼仪厅堂和日常起居厅堂。其他诸如勤政厅堂、衙署厅堂、娱乐厅堂（戏园）、商业厅堂（餐馆、药店、当铺等）等都可以归入这两类。

1. 李允鉌. 华夏意匠［M］. 天津：天津大学出版社，2005. 第301页.
2.［明］计成. 园冶注释［M］. 陈植注释. 北京：中国建筑工业出版社，1981. 第83页.

图4-1　河北承德避暑山庄澹泊敬诚殿（正殿）
（图片来源：乔匀，刘叙杰，傅熹年. 中国古代建筑［M］. 北京：新世界出版社，2002. 第256页.）

图4-2　北京故宫太和殿内景
（图片来源：故宫博物院. 紫禁城［M］. 北京：紫禁城出版社，1994.）

1. 正规礼仪厅堂

正规礼仪厅堂的功能多样，譬如宫殿建筑厅堂、宗教建筑厅堂、礼仪建筑厅堂、祭祀建筑厅堂等。不同功能厅堂的空间主体、布局和陈设也不相同，但厅堂的中心区都位于中轴线上，是整个厅堂空间中的重点。

北京故宫太和殿是正规礼仪厅堂中最具代表性的（图4-2），殿内面阔9间，室内净高约14m，到藻井底面大约16m，没有太多的室内陈设，内部空间高大空旷。为解决建筑空间巨大尺度与皇帝人体尺度之间的矛盾，设计者着重设计了当心间。当心间周边的6根金色柱子，高达12.63m，与殿内周围的暗红色柱林在色彩上形成强烈的对比，而当心间上方覆盖着一个金色藻井，又与殿内大面积的井口天花相区别，这就使得由金色柱子和金色藻井围合而成的空间显得格外突出。当心间为了摆放宝座，明间跨距8.44m，皇帝的宝座就设在这当心间的后半部高台之上，位于两根龙柱之间，在高约1m的“地坪”后部安置有金色的御座和屏风，同时在“地坪”上及其附近集中配有必要的陈设。高台设有6道台阶以供上下之用，前面设2道，两边各设1道，后面设1道。设计上等级的

图4-3　苏州网师园万卷堂
（图片来源：罗哲文，陈从周. 苏州古典园林［M］. 苏州：古吴轩出版社，1999. 第129页.）

体现无所不在，如前3道台阶中间的最大，供皇帝行走使用，两边小小细长的辅阶则是供太监等下人使用，台阶采用阳数7级，高台沿四周设有围栏，装饰华丽、体量庞大的宝座就居中而设。如此一来，人体尺度不再直接与大殿空间相对比，而只是与当心间发生关系。由于地坪、御座、屏风、陈设，以及其他构件等宜人尺度的精心设计，完成了空间尺度的转换，使得当心间在尺度上成为一个更接近于人的空间，构成一个完全属于皇帝的空间。

而在民居礼仪厅堂的中心区一般由供案、方桌、靠背扶手椅等组成，位于中轴线上，大多成对称式布局，是整个厅堂中的重点（图4-3）。如果兼备祭祀功能，祖宗牌位的设置必不可少。祖宗牌位设置方式有两种：最为讲究的，是在北侧墙壁上设一个神龛，内置祖牌或祖像，只有在祭祀时才敞开龛门。龛门的设计往往仿照隔扇或格子门的式样，使它们与室内装修遥相呼应，增强室内环境营造的整体感。不设神龛的厅堂则把祖牌或祖像直接放在供案的供橱中，这是一种比较简单的处理方式。

2. 日常起居厅堂

日常起居厅堂是有日常生活和居家起居功能的厅堂，分为商用和家用两类，一般以实用功能为主，相对礼仪厅堂要随意和自由一些。家用厅堂主要为家族或家庭内部使用。《红楼梦》第三回林黛玉进荣府时写道：“黛玉便知这方是正经正内室，一条大甬路，直接出大门的。进入堂屋中，抬头迎面先看见一个赤金九龙青地大匾，匾上写着斗大的三个字，是‘荣禧堂’，后有一行小字：‘某年月日，书赐荣国公贾源’，又有‘万几宸翰之宝’。大紫檀雕螭案上，设着三尺来高青绿古铜鼎，悬着待漏随朝墨龙大画，一边是金彝，一边是玻璃。地下两溜十六张楠木交椅，又

图4-4　苏州拙政园枇杷园内玉壶冰
（图片来源：罗哲文，陈从周. 苏州古典园林［M］. 苏州：古吴轩出版社，1999. 第43页.）

图4-5　苏州网师园撷秀楼
（图片来源：苏州民族建筑学会，苏州园林发展股份有限公司. 苏州古典园林营造录［M］. 北京：中国建筑工业出版社，2003. 第57页.）

有一副对联，乃乌木联牌，镶着錾银的字迹，道是：'座上珠玑昭日月，堂前黼黻焕烟霞'……原来王夫人时常居坐燕息，亦不在这正室，只在这正室东边的三间耳房内。"[1]

家用起居厅堂在布局上与正规礼仪厅堂的区别是，省去一系列祖容、祖像、神龛、大供案等祭祀用具，仅余方桌和双椅，或换成坐榻，在功能上更加生活化。为了添补省略祭祀用具所造成的苍白，起居厅堂中往往设有大型的背景图式——屏风、隔扇或悬挂字画的板壁（图4-4）。

位于厅堂中心区两边，是所谓的人性化的辅助区，其设计和陈设由对椅、方桌、条案、花几、挂屏等组成，形成秘密会客小空间。与中心区相比，它更具亲密性和随意性。故而处处体现人性化的设计。在这里，座椅之间不再有严正的方桌，取而代之的是小巧的茶桌，祖先告诫的条幅变成主人喜爱的字画或艺术挂屏。辅助区椅子之间夹着茶几，两两成对，多具排列，为清代流行的布置方法（图4-5）。

商用厅堂主要包括会馆、戏楼、商店、餐馆、票号等商业建筑中用来接待客人的厅堂，具有明显的商业特点。这类厅堂的空间形态比较丰富，变化更多。这些建筑的公共活动区域，有的是两层或两层以上的现

1.［清］曹雪芹，高鹗. 红楼梦（第一册）［M］. 3版. 北京：人民文学出版社，1964. 第44页.

代建筑意义上的共享空间，二楼以上环绕跑马廊。这个空间一般比较高大，常为各种公共建筑的中心场所。共享空间的出现极大地丰富了室内空间的形态，使室内环境的空间组合和构成更为复杂多变，充满情趣。建于1878年的杭州胡庆余堂的营业大厅就是这类空间的典型代表，胡庆余堂的前两进院间的建筑正厅面阔3间，明间为敞厅，两边配有偏楼，它们共同围合成的内院顶上覆盖玻璃顶棚。玻璃顶共享空间的一层檐柱外用曲梁，结合垂花檐柱出挑，形成楼层挑台，四周连通，形成一圈跑马廊。营业大厅的天井上，在偏楼檐下再架立3～4m的“人字形”木梁架，并在顺进深方向上设鹤颈轩，屋架上面铺装磨花玻璃。

4.1.2 寝卧空间

寝卧空间就是卧室空间，是居住环境中休憩和睡眠的场所，是一个私密性较强的空间，因此强调满足人的正常心理、生理需求。因为地域气候环境的不同，南北方寝卧空间的设计和陈设差异较大，南方的卧房主要以床为中心，北方则以火炕为中心。

卧室作为秘密性较强的休息场所，其室内用具的主体是卧具。南方卧房的床具一般都设于卧室最暗的角落，这与“暗室生财”的传统思想有关。据说家中的财神就躲在卧房的最暗处，故卧房的主体——床便设在那里，以使家中财运兴旺。床具绝不会设在门窗等通风透气的地方，从室内采光及空间流动性的角度来说也是有利的。

无论是架子床还是拔步床，床内的空间毕竟狭小，因此通透性是十分重要的，所以都少做整板的围合，一般只用棂格拼出一些图案装设在床柱之间，有时也在床沿或仰尘下沿装设小块浮雕或透雕挡板。即便如此，为了提高床内空气质量，有的人家床内还会悬挂一些香囊、香袋，这一点与北方的火炕不同。

火炕是北方卧室的主体，日常活动主要在火炕上进行，所以炕的面积很大，有时甚至占据卧室面积的三分之二。炕上再辅以其他家具，如炕柜、炕桌、炕案等。地上则有躺箱、橱柜、桌椅等大件家具。《红楼梦》第三回中这样描写王夫人的卧房："临窗大炕上铺着猩红洋被，正面设着大红金钱蟒靠背，石青金钱蟒引枕，秋香色金钱蟒大条褥。两边设一对梅花式洋漆小几。左边几上文王鼎匙箸香盒；右边几上汝窑美人觚——觚内插着时鲜花卉，并茗碗痰盒等物。地下面西一溜四张椅上，都搭着银红撒花椅搭，底下四副脚踏。椅之两边，也有一对高几，几上茗碗瓶花俱备。"[1]

从设计上看，北方民居的炕上家具早已形成固定的家具配套，主要有炕橱、炕桌和炕屏等（图4-6）。炕橱沿炕上两侧而立，明代早期较矮，翘头案状居多，内设抽屉，案面上可横陈被褥等，以后渐次增高，至清晚期多见高大的炕柜，一应存放物品皆不多露，或设屉、柜，屏以柜门；炕桌置于炕上或榻上；炕屏在卧室、厅堂、书房中都有使用，放在炕上或床榻之类的卧具上，起到遮挡视线的作用，营造宜人的空间。

图4-6 山西祁县乔家堡室内陈设
（图片来源：黄明山. 圆楼窑洞四合院［M］. 台北：光复书局，1992. 第14页.）

1.［清］曹雪芹，高鹗. 红楼梦（第一册）［M］. 3版. 北京：人民文学出版社，1964. 第32页.

4.1.3 书房空间

书房是反映文人士大夫意念和理想寄托及封建社会等级差别的地方，亦是其修身养性、钻研学问的场所。所以，书房可以说是文人的生命。无论是在文人的园林建筑中，还是在文人的住宅中，书房的地位仅次于厅堂。它既是主人私密性的个人空间，也是携一两高朋知己畅谈论艺的场所。书房的设计多简洁、素朴大方，明文震亨在《长物志》中说到书房的布置“几榻俱不宜多置，但取古制狭边书几一，置于中，上设笔砚、香盒、熏炉之属，俱小而雅”。这是文人趣味的价值取向和追求。

书房有时也兼有琴室、卧房的功能，所以室内空间灵活随意，大多不做严格的划分。书房家具主要有书架、罗汉床、亮格柜、书桌、书案、椅凳，以及不少书房标志性及必备的物品，如文房四宝、古琴、棋具等（图4-7）。

另外，书房的陈设除家具外还有不少小件器具是书房标志性及必备

图4-7　苏州网师园殿春簃西侧内书房
（图片来源：罗哲文，陈从周．苏州古典园林［M］．苏州：古吴轩出版社，1999．第151页．）

图4-8　苏州退思园琴室
（图片来源：罗哲文，陈从周. 苏州古典园林［M］. 苏州：古吴轩出版社，1999. 第286页.）

的物品，如文房四宝等。古人云："笔砚精良，人生一乐。"其品种有文具匣、砚匣、笔格、笔床、笔屏、图书匣、书灯等，在此不再赘述。

总之书房的布局自由适意，不受"礼制"的束缚，其室内陈设简单洒落、毫无世俗之气；再加上室外茂林修竹，营造出一个静雅脱俗的宜人空间（图4-8）。

4.1.4 其他功能空间

除了上述三种主要的功能空间之外，清代建筑还有厨房、浴厕、储藏等辅助性功能空间。这些空间一般都在住宅次要的位置，不同民族和地区又有不同的生活习惯和风俗，具体的位置和形式有很大差异。譬如，满族民居的厨房设在堂屋；而北京四合院的厨房多置于中院东厢或后院，厕所多设在角落、隐蔽之处或前院的西南角。

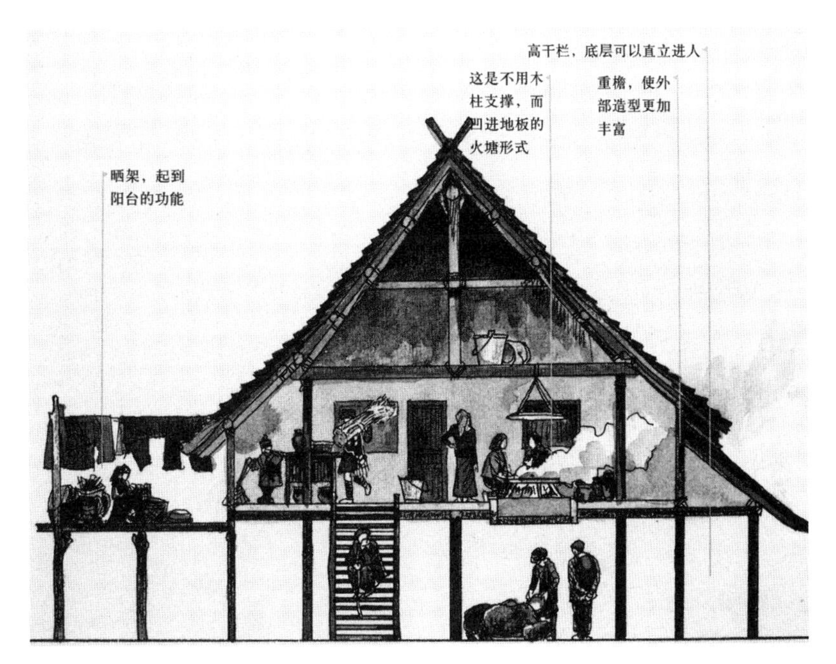

图4-9 云南傣族民居剖面图
（图片来源：王其钧，谈一平. 民间住宅［M］. 北京：中国水利水电出版社，2005. 第69页.）

厨房，古代又称庖屋，是所有居住建筑中必不可少的，有的单独设置，有的与其他功能空间结合在一起。包括民居在内的大多数类型建筑的厨房都是单独设计的，只是在少数民族地区以火塘为中心的住宅中，厨房一般与起居厅堂结合在一起（图4-9）。

浴厕在中国古代是最容易被忽视的空间，日常生活中，普通大众一般习惯使用恭桶和浴盆，很少修建厕浴场所。只有达官显贵和富家大族家中常建有单独的浴室和厕所，如《萍洲可谈》卷三记载："荆公吴夫人有洁疾，其意不独恐污已，亦恐污人。长女之出，省之于江宁，夫人欣然裂绮縠制衣，将赠其甥，皆珍异也。忽有猫卧衣笥中，夫人即叱婢揭衣置浴室下，终不肯与人，竟腐败无敢取者。"

一般民居中不设厕所，这种影响持续至今。但在权贵的宅邸中一般有独立的厕所，《夷坚志》中的"临川聂伯茂……家新修厕屋毕，加以茨”[1]。从中可以窥见古代人们对厕所的心态。当然也有例外，比如因回民喜欢洁净卫生，院内必然设有水井及水房（浴室），以为净身之用[2]。水房面积不大，仅1～2m²，上部悬一水缸，缸下有小孔流水，地面有坑状渗井，冲洗后的水直接由渗井吸收。

储藏空间也是人们日常生活中必要的场所，处在农耕文明阶段的社会，储藏空间尤为重要。如果建的是楼房，农村一般把楼上空间作为储藏之用，而城市小户居民则把楼屋下层多用为铺面或作坊。至于院落式建筑，都会有单独的储藏房屋。

4.2 清代室内空间的特征

对于中国古代建筑的室内空间，中国建筑的意匠不着意于建筑实体部分的坚固久远与华美豪奢，而更重视空间与实体之间的相互协调。由于古人一整套天人合一的宇宙观和自然观，中国建筑更着意于建筑沿着水平方向延展的群体组合和由群体所围合的空间（院落）的经营，建筑单体的内部空间则比较简单。普通庶民的民居更是简单，而宫廷建筑和豪门大宅的建筑单体平面尽管简单，但室内空间还是有其丰富复杂之处的。

4.2.1 室内空间的多重组合

清代的宫廷建筑、其他官式建筑，以及达官显贵的宅邸中常将功能不同或功能相近的建筑单体以不同方式组合成群体，方便往来利于活动（图4-10）。将不同单体建筑的室内空间通过连廊等手段联系在一起，形成多重复合式空间，在平面构图上显示出仍然十分注重轴线及对称布局，大致有三种形式。

第一种是最简单的做法，将院落的建筑单体用廊子连接起来，免去经过庭院的露天往来。譬如北京东城区沙井胡同15－19号四合院，原为光绪年间某官员的府邸，后归富商所有。它是由规模不同的三套四合院

1.《夷坚三志壬》卷2《聂伯茂钱鸽》。
2. 孙大章. 中国民居研究［M］. 北京：中国建筑工业出版社，2004. 第95页.

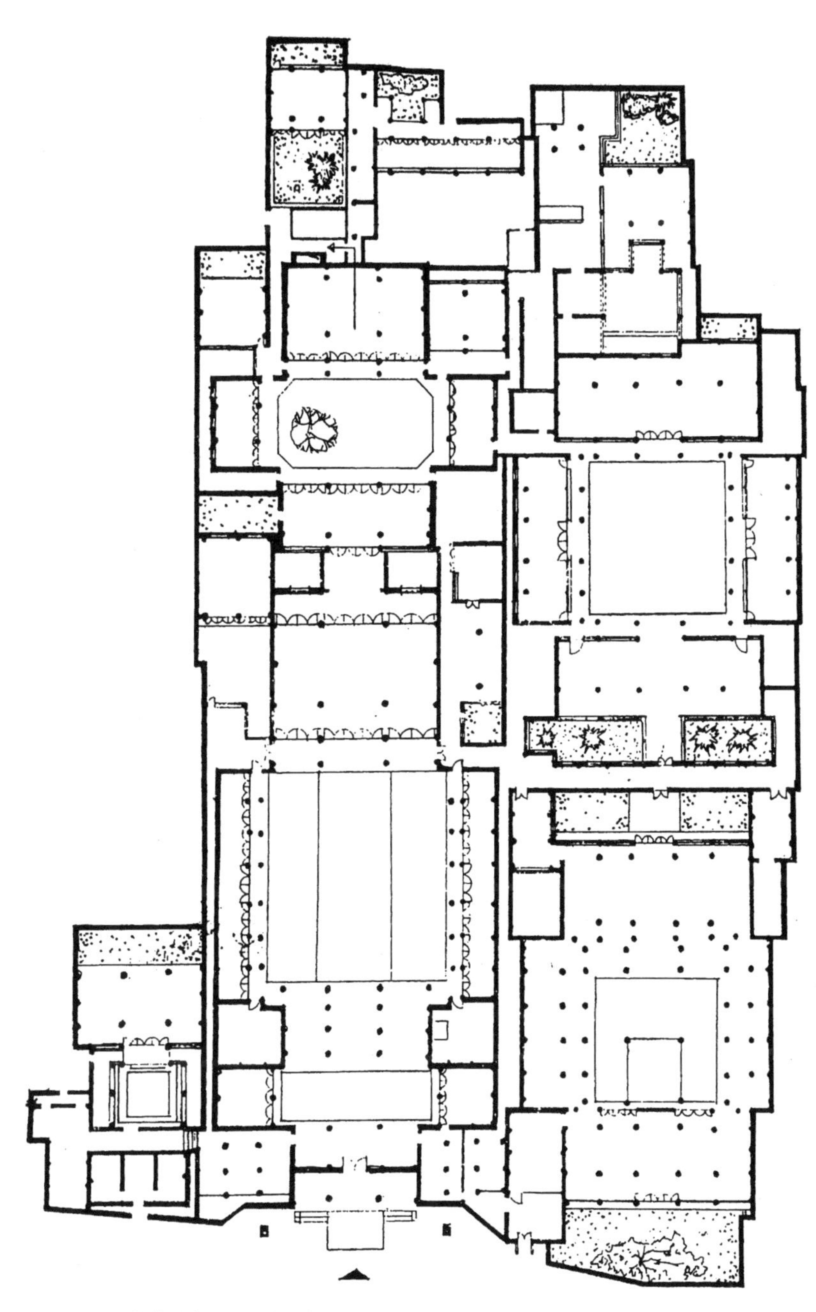

图4-10　江苏苏州太平天国忠王府平面图
（图片来源：孙大章. 中国民居研究［M］. 北京：中国建筑工业出版社，2004. 第236页.）

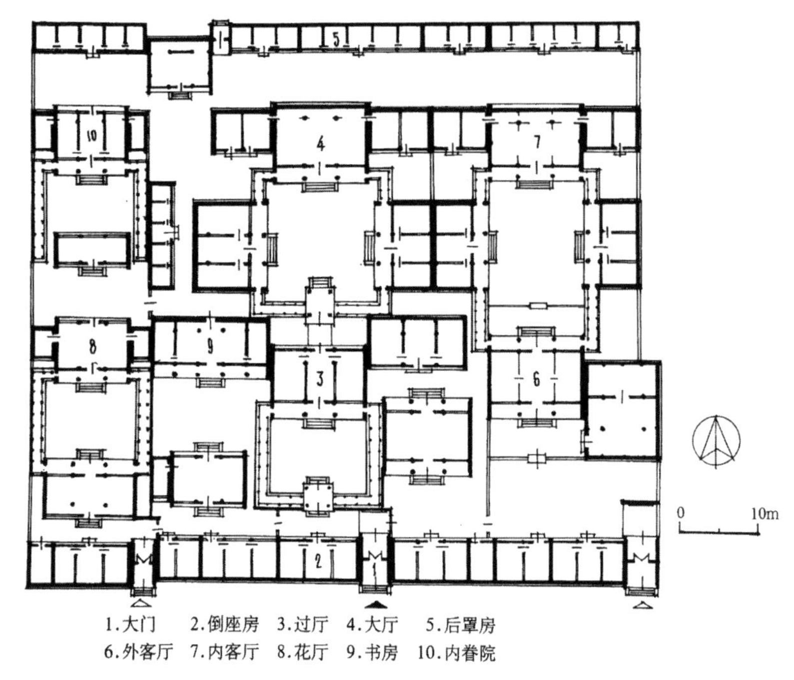

图4-11 北京东城沙井胡同15－19号四合院平面图
（图片来源：孙大章. 中国民居研究［M］. 北京：中国建筑工业出版社，2004. 第242页.）

组合在一起的大型宅院。以中部院落为最大，除中间的以倒座、过厅、大厅、后罩房以及两座垂花门、两套抄手游廊组成的四进房屋以外，尚配有东北跨院、花厅、书房及佣人房等。另外又向东西扩展了两个院落，3个院落的房屋之间以外廊和调整后在主体空间之间起到联系作用的房屋相联系（图4-11）。在以北京故宫为代表的官式建筑中，这种手法也比较常见，如建福宫内抚宸殿和建福宫前后两殿之间通过转角游廊连接；另如延春阁和北面的敬胜斋还有东侧的静怡轩用游廊连接；敬胜斋、碧琳馆、妙莲花室、凝晖堂之间以游廊、前檐廊及夹道等连通。建福宫建造在先，后来的宁寿宫有多处仿照建福宫，更有所发挥，如养性门以北的殿几乎全部用门、廊子或是中介建筑纵横连通。

第二种是将功能不同的建筑单体结合在一起，通过室内往来，完全

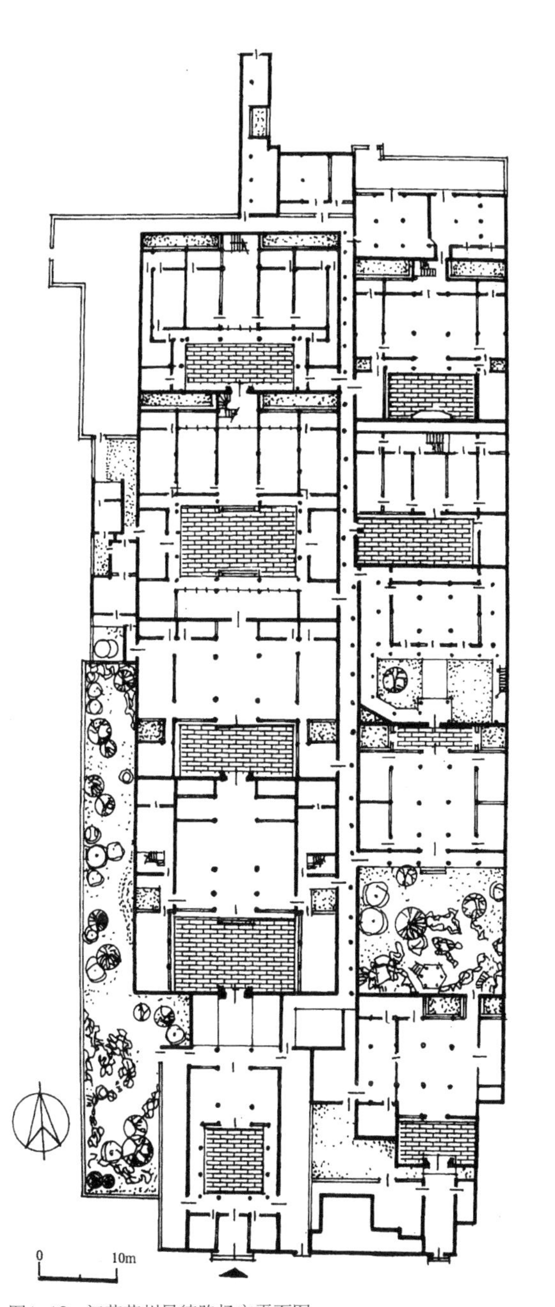

图4-12　江苏苏州景德路杨宅平面图
（图片来源：孙大章. 中国民居研究［M］. 北京：中国建筑工业出版社，2004. 第243页.）

免去室外交通。这种形式在江苏、安徽、江西等南方地区的大宅院中比较常见，苏州景德路的杨宅就是一个典型的例子。杨宅是在苏州民居形制的基础上加深进深，增加楼层，同时连通两套住宅而成。主轴上设有门厅、轿厅、大厅、前楼、后楼；次轴上设有花园、花厅、内厅、前楼、后楼，并在最前方设有外客厅。主次轴线上的各栋房屋之间以避弄相连通，将不同功能的建筑单体通过过渡空间完全联结在一起，分隔聚凑十分自由，看似迷宫，但内部使用十分便捷（图4-12）。

而广州西关大屋是另外一种地方形制的典型例子。广州西关地区（今荔湾区）原为清末富贵人家居住的地区，现仍保存有不少大宅。广州地狭人稠，用地紧张，市区内采用竹筒屋式的民居很普遍，所以西关大屋也采用了传统竹筒屋的样式，3座竹筒屋并联，两层楼高，局部3层，顶层作为屋顶晒台或屋顶花园，全宅局部穿插留出小天井以供房间采光通风之需。大屋实际上就是一栋建筑，主要功能空间有门厅、外客厅、内客厅、后居屋，两侧为花厅、书房，后部为厨房、佣人房，楼上多为居室。所有的房间均处在同一个屋顶之下，通过室内交通廊道连接各个功能空间（图4-13）。

第三种是既有独立单体建筑之间的连接，又有不同功能建筑之间结合，是前面两种手法设计的混合方式，室内空间形式更为复杂多变。这种情况主要出现在庭院式建筑中，不同地区的建筑根据气候特点和特定的环境形式各异。

庭院式民居建筑类型比较丰富，可以由两合院或两向院发展到四合院，也可由一进四合院发展到多进四合院，也可以两座院并列，其布局有较大的变通性。庭院式民居的室内空间比较丰富，正厅要分内外，甚至还要有轿厅，卧室不但多还要有档次，以便安排不同辈分的家庭成员，此外，还要有官家用房、账房、仆役用房及客人卧房；厨房也要分内外，主仆分用，还有储藏、马圈等，文化人家尚有书房、花厅等。这些功能空间可以通过室外游廊和起到交通作用的室内空间联结在一起，使室内活动完全免受外部天气的影响，十分便利和舒适。

在苏州民居的豪宅中，进入大门后为3间的轿厅，为富户人家停轿之处，建筑开敞，无门窗装修。一般账房、家塾亦设在轿厅附近。再一进为大厅，一般为3间或5间，进深较大。5间者的天井院较横长，故在两侧稍间处增设漏花墙，将天井隔为3个小院。大厅的装修、陈设考究，为日常待客、宴会、家族团聚、喜庆等活动之处。大厅前廊做有各式轩顶，形制秀美而富于变化。厅内梁架亦设有草架，形成复水重檐式的顶棚。大厅与轿厅间隔处，有装饰性很强的砖刻门楼，清中叶以后砖雕之风盛行，在砖门楼的上下枋和“兜肚”之内刻满人物、花鸟等各种题材的雕饰，是主人炫耀财富的部位，门楼额枋有题字匾额，多为“清芬亦

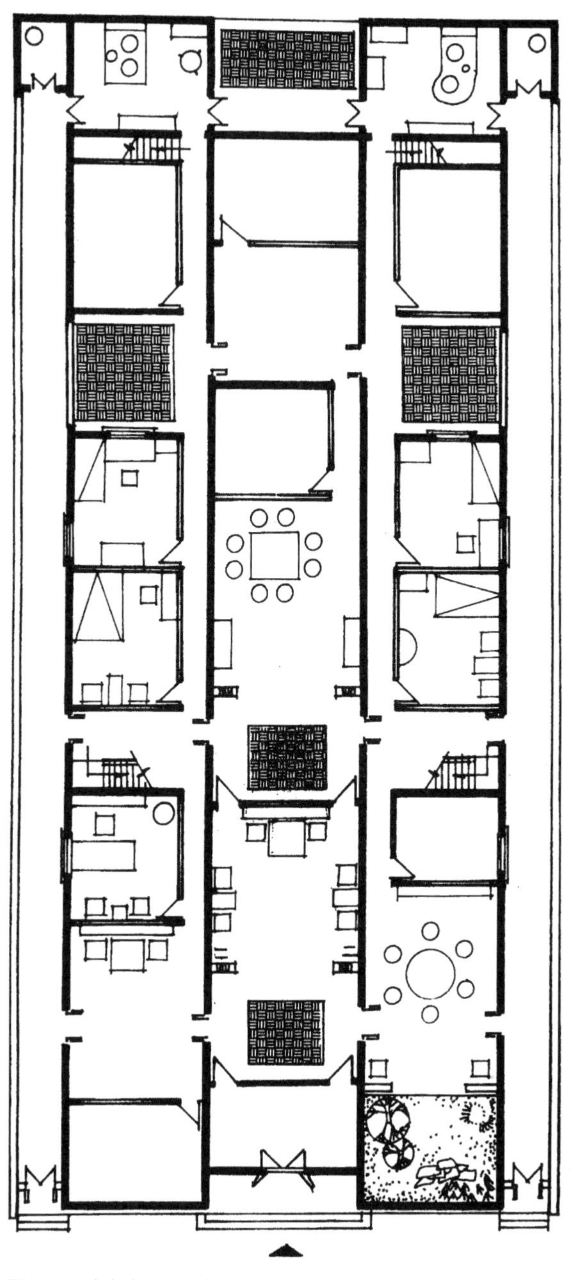

图4-13　广东广州西关大屋平面图
（图片来源：孙大章. 中国民居研究［M］. 北京：中国建筑工业出版社，2004. 第246页.）

叶”“日振家声”等颂扬文字。再后一进为女厅，亦称上房，这是一幢两层的楼房，一般5开间带两翼，成为U形。女厅前后有天井。女厅下层为堂屋，作为日常起居间，左右间及楼上各间为卧室，楼梯在堂屋后屏门内。女厅亦可设一进或两进、三进，视财力及家庭人口组成情况而定。女厅区的平面布局变化较大，早期为一厅一砖门楼，以后又产生出H形、日字形等式，并且围绕女厅及天井建立高大的封火墙（图4-14）。

福建漳州浦蓝廷珍提督府是康熙年间建成的一幢府第，为闽南地区

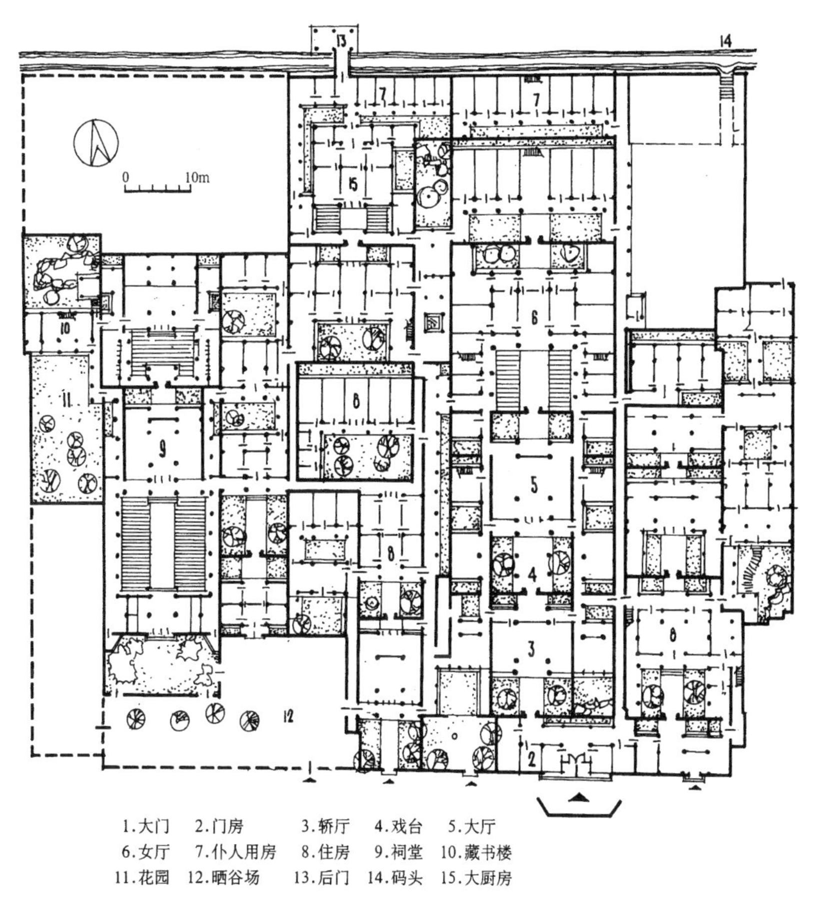

图4-14　江苏苏州天官坊陆润庠宅平面图
（图片来源：孙大章. 中国民居研究［M］. 北京：中国建筑工业出版社，2004. 第239页.）

典型的三堂加护厝及后围厝的布局。从平面图中可以看到，位于宅第前半部的门厅、中堂、后堂、卧室等功能空间完全连在一起，在室内可以到达任意一个房间。此外主体建筑单体之间还通过室外游廊联系在一起。建筑的室内外空间相互渗透，交融在一起，室内空间复杂多变，丰富多样（图4-15）。

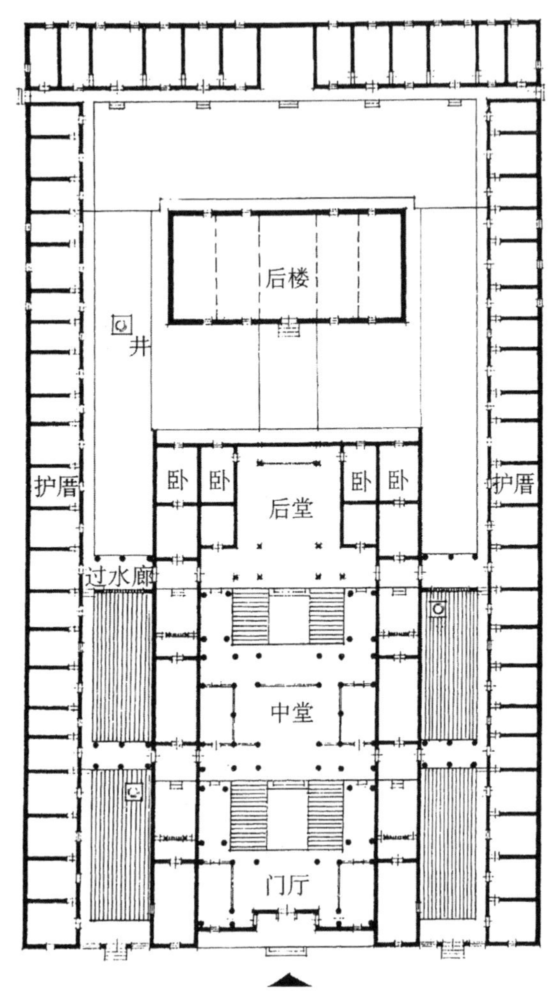

图4-15　福建漳州浦蓝廷珍提督府平面图
（图片来源：孙大章. 中国民居研究［M］. 北京：中国建筑工业出版社，2004. 第238页.）

民居中规模大、品级高的当属贵族府第、官僚宅邸和地主富商大宅。这些家族人口众多，住宅规模庞大，建筑空间组织复杂，形成独具东方特色的居住形式。这些住宅庭院形式多变，附属建筑繁多，但基本上都维持合院的形制。比起普通人的住宅，豪门大宅中的建筑单体规模更大、等级更高。《大清会典》中规定，王府的间数可用5间、7间，庶民的住宅，尽管实际上没有政府的明确规定，仍习惯地遵行3间5架（北方）、前堂后寝、内外有别，以及不做装饰的传统做法。就单体建筑的室内空间而言，豪门大宅比一般百姓的住宅要高大，装修更为华丽，在室内空间划分所使用的手段和分隔方式更多，比普通民宅丰富复杂得多。而民宅的室内空间复杂程度地区差异非常大，有的民宅为了充分利用室内空间，在空间组合上甚至更为复杂一些（图4-16、图4-17）。

4.2.2 室内空间形态的丰富和复杂

随着人们生活的日益丰富，建筑室内功能逐渐丰富和多样化，从最早在一个空间里解决多种

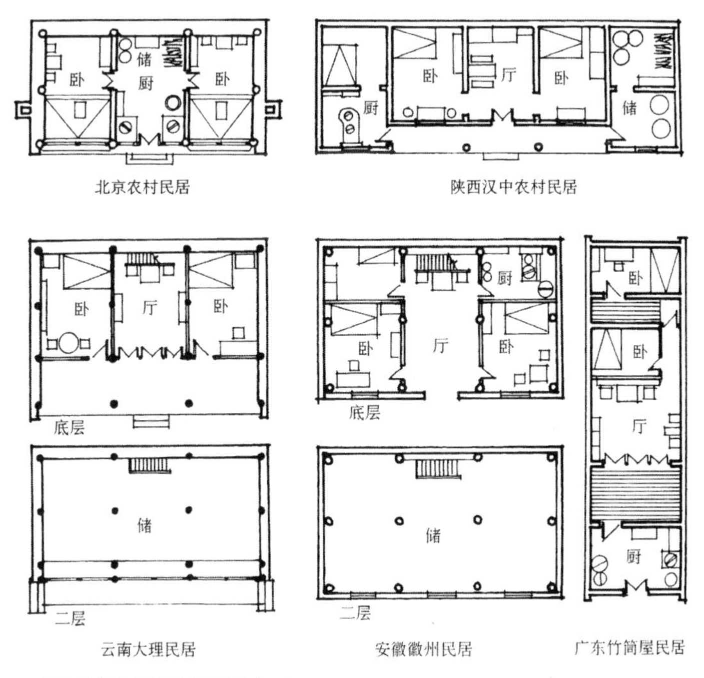

图4-16 单栋民居空间功能平面图（一）
（图片来源：孙大章. 中国民居研究. 北京：中国建筑工业出版社，2004. 第212页.）

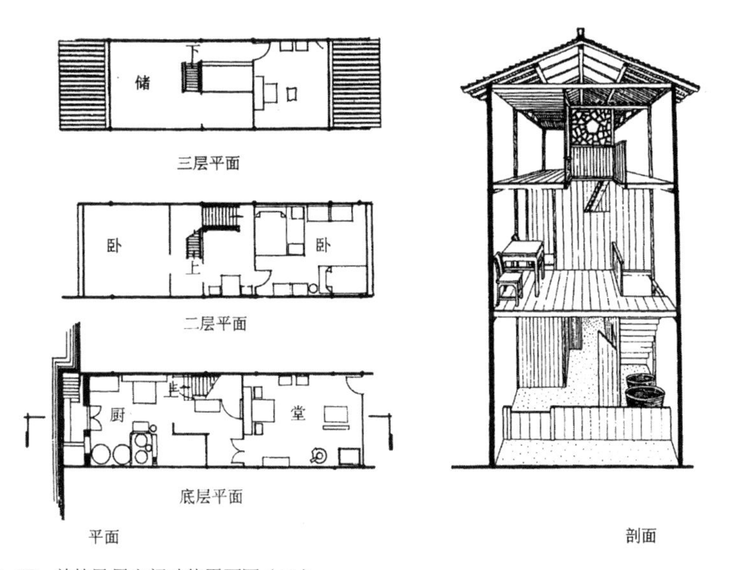

图4-17 单栋民居空间功能平面图（二）
（图片来源：孙大章. 中国民居研究. 北京：中国建筑工业出版社，2004. 第212页.）

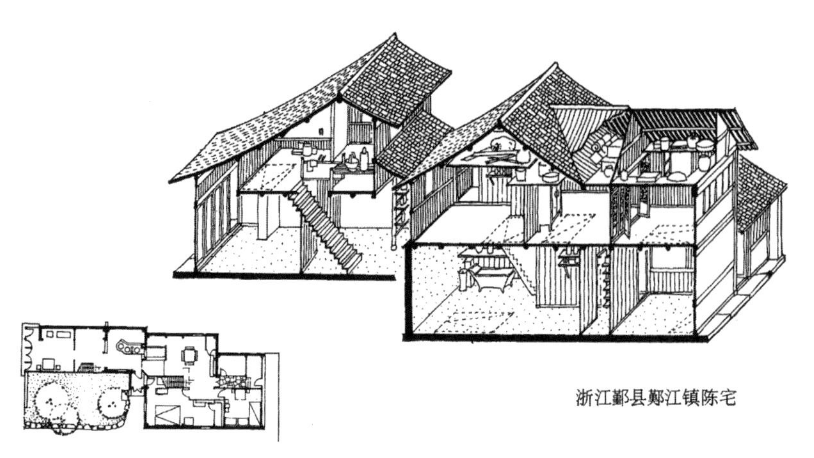

图4-18 浙江鄞县陈宅复杂的室内空间
（图片来源：孙大章. 中国民居研究［M］. 北京：中国建筑工业出版社，2004. 第214页.）

功能的状况逐渐演化为一个单体建筑内多种功能空间的组合。这一点在浙江鄞县陈宅复杂的室内空间组合中可见一斑（图4-18）。

而即使在一个居室空间内，也远非一具床榻、一张座椅所能满足，需要根据不同的活动内容提供不同功能的空间。这个转变也有一个过程。曾有记载，康熙前往王大臣等花园游幸，见到效法汉人做多样曲折隔断，谓之“套房”，发表意见说：“彼时亦以为巧，曾于一两处效法之，久居即不如意，厥后不为矣。”然后训曰：“尔等断不可做套房，但以宽广宏敞居之适宜为宜。”未免还带有偏爱“口袋房，蔓枝炕”民族习俗的偏见。及至嘉庆时期修葺养心殿，在《养心殿联句》注中写有，“是处正殿十数楹”“其中为堂、为室、为斋、为明窗、为层阁、为书屋。所用以分隔者，或屏、或壁、或纱橱、或绮栊，上悬匾榜为区别”。在十几间正殿内分隔成6种使用空间，“套室”多到要悬匾额以区分，生活实践证明“套房”的方式是适宜的（图4-19）。

1. 仙楼空间

仙楼，是清代一种高档的内檐装修形式（图4-20），清李斗在《扬州画舫录》第十七卷之《工段营造录》中写道：“大屋中施小屋，小屋上架

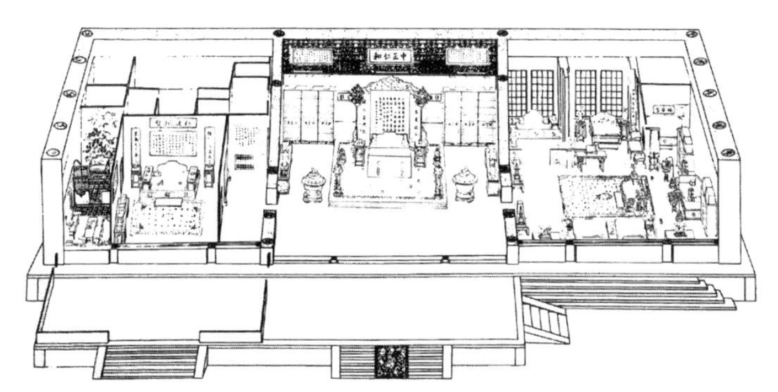

图4-19　北京故宫养心殿透视图
（图片来源：于倬云. 故宫建筑图典［M］. 北京：紫禁城出版社，2007. 第88页.）

图4-20　北京故宫乾清宫内仙楼
（图片来源：故宫博物院古建管理处. 故宫建筑内檐装修［M］. 北京：紫禁城出版社，2007. 第178页.）

小楼，谓之仙楼。”[1]

仙楼的出现源于高大的室内空间与一些实用家具（如几、案、床、榻等）尺度悬殊，难以协调，为了两者相互协调，便在大空间中分隔出一些尺度接近于人体的小空间，放置床、榻等，作为私密性较强的场所使用，同时也适应人的活动及家具的放置。而小屋之上的空间，还可进一步加以利用和装饰，利用空间的高大再做一重小楼，就构成了“仙楼”，类似于今天的复式空间或阁楼空间。仙楼基本形式由上、下两层组成，下层可以设有床罩、博古架之类的装修。上层则由朝天栏杆和飞罩或碧纱橱组成，一般在上、下层之间安装一条长长的木枋，枋外饰挂檐板，栏杆立于其上。飞罩往往紧贴上部顶棚安置，中间设有立柱，使飞罩与栏杆连成一体（图4-21）。

紫禁城中建有多处仙楼，如养心殿、乐寿堂、坤宁宫、倦勤斋等。其中规模最大的是乐寿堂，而空间变化最为丰富的当属养心殿。清李斗在《扬州画舫录》中写道：“绿杨湾门内建厅事，悬御扁怡性堂三字及‘结念底须怀烂漫，洗心雅足契清凉’一联。栋宇轩豁，金铺玉锁，前厂后荫。右靠山用文楠雕密箐，上筑仙楼，陈设木榻，刻香檀为飞帘、花槛、瓦木阶砌之类。”[2] 由此可见，在乾隆朝中期的富庶之地扬州富贵人

1.［清］李斗. 扬州画舫录［M］. 周春东注. 济南：山东友谊出版社，2001. 第472页.
2.［清］李斗. 扬州画舫录［M］. 周春东注. 济南：山东友谊出版社，2001. 第318页.

家的宅第中仙楼的装修做法已经比较常见。

（1）养心殿

养心殿前殿正中3间为明间，是礼仪性空间。当阳正中间设宝座、屏风、桌张等，北墙靠墙设书格，储存有十三经、二十三史等书籍，为听政之所。明间两侧为朱漆饰面，双开的隔扇门上装饰有毗卢帽。东两间为东暖阁，原为皇帝理政及斋居之处，悬有“寄所托”“随安室”“明窗”匾额，东北角还隔出一间寝室，西北部和东南部皆有两层的仙楼，空间富于变化。嘉庆以后东暖阁的装修又有改变，南墙为明窗，取消仙楼，北部以联排隔扇（碧纱橱）分为前后间，前间为听政之处。同治、光绪年间两宫皇太后垂帘听政，即在此处。后间为休息室，所以现有室内装修可能是同治时期改造的。西两间为西暖阁，当中又以墙、罩划分为重室，分为前后两个部分，雍正时期这里是皇帝召对臣工的地方，乾隆以后改作收藏和鉴赏书画之所，前部有“勤政亲贤”“三希堂”和走道，后部有仙楼、木塔，又隔为“无倦斋”和长春书屋，阁外还辟有小室名为“梅坞”。养心殿空间布置极为巧妙，富于变化，生活气息浓厚，空间体量适当，使用功能上远较乾清宫为佳，故雍正以后一直到清末，历代帝王皆以此处为施政和生活中心（图4-22）。

（2）恭王府锡晋斋

恭王府锡晋斋本身是一座双卷勾连搭的建筑，其内檐装修中设有仙楼，宽5开间。当中3开

图4-21　北京故宫养性殿仙楼
（图片来源：故宫博物院古建管理处. 故宫建筑内檐装修［M］. 北京：紫禁城出版社，2007. 第178页.）

图4-22　北京故宫养心殿仙楼
（图片来源：故宫博物院古建管理处. 故宫建筑内檐装修. 北京：紫禁城出版社，2007. 第174页.）

间前后临空，总体布局采用类似前后相贴的两个凹字，前后卷搭接之处即凹字相贴之处，前卷进深大，仙楼两侧向前伸出部分较长。后卷进深小，向后伸出部分稍短。恭王府锡晋斋的仙楼，与故宫宁寿宫乐寿堂的仙楼规模大小、布局方式均相同，该做法还见于圆明园的寝宫九洲清晏殿，属于清中期流行的比较讲究的室内装修。在清代一些大型的民宅中也建造有仙楼，不过规模远逊于恭王府，可惜没有实物遗存。

2. 碧纱橱

清人参考和借鉴了汉人室内装修的方式和做法，于围屏的顶部增设横楣，同时安装上下槛，左右添加立柱加以固定，档心则以绿纱糊饰，逐渐演化成为兼具隔间与隔断功能的室内可移动装饰构件——隔扇，多扇隔扇一起围合成一个相对独立的小空间，这个小空间因隔扇档心用绿纱糊饰而被时人称为碧纱橱，碧纱橱是康熙时期建筑内檐装修中产生的一个新的装修形式。

林语堂在1939年8月完成的长篇巨著《京华烟云》中写到姚家的新宅邸"自省堂"时，对碧纱橱的形式做了非常细致和翔实的描写："这是一个很大的住房，由花格子隔扇分为若干小间，隔扇上糊着青绿色的纱，每一小间仿佛壁橱形状，称为'碧纱橱'，既像特别大的床，又像个缩小的一间屋子，由木格子窗子所隐藏，为绿纱所掩映，冬暖而夏凉，墙上装有橱子，可以放矮几茶具、香炉、水烟袋等物。"[1]

《京华烟云》中所描写的碧纱橱应该是碧纱橱形态发展的成熟和最高阶段，从《京华烟云》文中的段落上下文看，碧纱橱应该是利用糊有碧纱的隔扇间隔出来的小空间，也就是"屋中屋"，并非今人在文章和著述中谈及的"隔扇"，而是用隔扇在室内分隔出来的、具有隔而不断性质的"房间"，是在建筑的大空间中划分出来的小空间。碧纱橱这种装修形式从康熙年间开始在宫廷和达官显贵的宅第或府邸中开始大量使用，直接影响当时上层社会家庭的室内环境营造（图4-23）。

明崇祯年间绘制的《金瓶梅词话》的插图中出现了最类似于碧纱橱

1. 林语堂. 京华烟云［M］. 长春：时代文艺出版社，1987. 第429页.

图4-23　清嘉庆二十年蟾波阁本《红楼梦》插图中林黛玉的居室
（图片来源：洪振快. 红楼梦古画录［M］. 北京：人民文学出版社，2007. 第106页.）

图4-24　明崇祯年间《金瓶梅词话》的插图
（图片来源：陈宝良，王熹. 中国风俗通史·明代卷［M］. 上海：上海文艺出版社，2005. 第658页.）

成熟时期的形式。插图中，位于房间中的是一个方形的小空间，既像一个小房间，又像一件里面安放着床榻的大型家具，空间的四角各有一根立柱，在围屏顶部和底部增设上下槛，从而形成一个稳定结构框架，在框架的上面安装顶盖。围屏的屏扇安装在上下槛上，空间有三个面上的隔扇形式简化，固定在上下槛上，人可以出入的一侧的屏扇保留了屏风的形式，可以像门一样开启，也可以随意拆卸。这时的形式基本上是演变了的围屏组合形态，还没有同隔扇的装修形式结合起来（图4-24）。

3. 多层楼阁空间

多层楼阁空间是指在一个大的封闭室内空间中包含着一个或若干个小空间，类似于今天的共享空间。大小空间没有绝对的分割，两者之间很容易产生视觉上空间的连续性，是空间二次分割形成的大的功能空间中包容小的空间的结构。构成这种空间的手法很多，有时是在大空间的实体中划分出小空间，有的则以虚拟象征的手法形成屋中屋、楼中楼的空间格局。这样既不脱离大空间的功能，又令小空间相对独立，满足使用上的要求，同时又丰富了空间层次。这样的空间存在于多层楼阁建筑或大体量的建筑中，如宫殿建筑、宗教建筑，以及酒楼（图4-25）、茶肆（图4-26）、戏园、会馆等商业或公共建筑。

图4-25　清画《月明楼》中的酒楼
（图片来源：张家骥. 中国建筑论［M］. 太原：山西人民出版社，2003. 第267页.）

图4-26　清光绪年间插图中的茶肆
（图片来源：张家骥. 中国建筑论［M］. 太原：山西人民出版社，2003. 第269页.）

戏楼建筑是清代风行一时的建筑类型，除了专门的戏楼外，在宫廷、会馆，甚至权贵的宅邸内都有戏楼建筑[1]。早期的戏台有室外的，中期已有会馆在庭院上加篷的。乾隆六年（1741）北京颜料会馆《建修戏台罩棚碑记》记载，为了祭祀梅、葛二仙翁，瞻礼庆贺，“今于乾隆六年岁次辛丑，凡我同侪，乐输已资，共成胜事，于大厅前建造戏台罩棚一所。”而后，室内戏院越来越多。光绪八年（1882）《重修晋冀会馆碑记》中描述，除了修缮旧有殿宇，并在殿前建了“卷棚、大厅、罩棚、戏台，无不备细焉”。

类似室内戏园这类大型室内空间采用的是勾连搭的建筑结构，也就是李斗在《扬州画舫录》中所说的连二、连三厅的方式来扩大空间的进深（图4-27）。

“风雅存”小戏台位于故宫重华宫区漱芳斋后殿的“金昭玉粹”室内，是一个坐西朝东、规制极小的四角攒尖方亭小戏台，台前题有“风雅存”小匾额，供皇家家宴时表演小节目或演出之用。故宫卷勤斋中也有一个规模相近的室内小戏台，卷勤斋的室内装修比较有特色，木构件

图4-27　清代北京安徽会馆戏台部分剖视图
（图片来源：张家骥. 中国建筑论［M］. 太原：山西人民出版社，2003. 第273页.）

1. 自明代开始，由于戏剧的空前发展，在宫廷和官僚地主宅第内常设有戏厅，自养家班，内部演出娱乐。《红楼梦》中贾府即有私家戏班，李渔也曾供养和训练私家戏班。

多雕刻成竹节状，西、南、北面均用竹篱作为隔墙，靠北的后檐墙上画着整幅的装有圆光罩的斑竹花架小院的壁画，上挂藤萝和萝花，与顶棚满画竹篱藤萝的海墁天花连成一片，形成一座“室内花园”，像室外空间一样，很明显是受到西方建筑的影响。与紫禁城宫殿的红墙黄瓦相比，别有一番风味，演戏时，皇帝坐在戏台对面的阁楼中观戏（图4-28）。

此外，在河北承德普宁寺大乘阁（图4-29）、安远庙普渡殿和须弥福寿庙之妙高庄严殿，以及北京颐和园佛香阁和德和园大戏台、北京雍和宫万福阁、福建上杭文昌阁等高大木构楼阁建筑中，室内空间都异常复杂。

清代建筑室内空间的分隔，从民居到宫殿都是层次变化奇妙，具有丰富的艺术情趣。除了厅堂等礼仪场所外，没有古典建筑中常见的为强调礼仪气氛的矫揉造作、严肃刻板，具有明显的自身风格。豪门大宅的室内空间虽然没有皇宫建筑那么复杂，但与院落的空间结合在一起也较前代丰富奇妙了许多。《红楼梦》第十七回《大观园试才题对额荣国府归省庆元宵》中对怡红院用隔断分隔空间的描绘最为详尽：“……只见其中

图4-28　北京故宫卷勤斋室内小戏台
（图片来源：故宫博物院. 紫禁城［M］. 北京：紫禁城出版社，1994.）

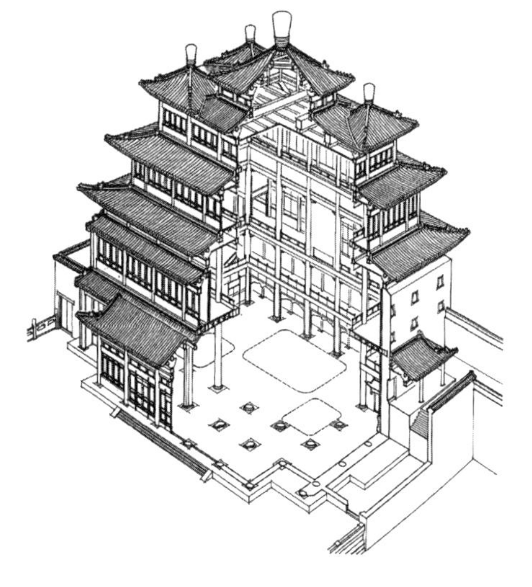

图4-29　河北承德普宁寺大乘阁剖视图
（图片来源：孙大章. 中国古代建筑史——清代建筑［M］. 北京：中国建筑工业出版社，2002. 第447页.）

收拾的与别处不同，竟分不出间隔来。原来四面皆是雕空玲珑木板，或‘流云百蝠’，或‘岁寒三友’，或山水人物，或翎毛花卉，或集锦，或博古，或万福万寿，各种花样，皆是名手雕镂，五彩销金嵌宝的。一槅一槅，或贮书，或设鼎，或安置笔砚，或供设瓶花，或安放盆景；其槅式样，或圆，或方，或葵花蕉叶，或连环半璧，真是花团锦簇，剔透玲珑。倏尔五色纱糊，竟系小窗；倏尔彩绫轻覆，竟系幽户。且满墙皆是随依古董玩器之形抠成的槽子。如琴、剑、悬瓶之类，俱悬于壁，却都是与壁相平的。……原来贾政走了进来，未到两层，便都迷了旧路，左瞧也有门可通，右瞧又有窗隔断，及到跟前，又被一架书挡住。回头又有窗纱明透门径。及至门前，忽见迎面也进来了一群人，都与自己的形相一样，——却是一架大玻璃镜。转过镜去，一发见门多了。……转了两层纱橱，果得一门出去……”[1] 豪门大宅室内空间形态的多样和复杂程度可见一斑。

即便是建筑形体比较简单的普通民居建筑室内空间，也会根据栖居生活的需要，用各种形式的隔墙、隔扇、罩、博古架等划分空间，形成丰富的室内空间形象（图4-30）。

4.3 清代室内空间的分隔手法

室内丰富的分隔，带来清代建筑内檐装修的兴盛发展，使室内空间丰富多变，装饰美观，为居住者和使用者欣赏和享受，这成为清代室内环境营造风格的显著特点。

由于中国建筑的结构特点，空间分隔不受承重的限制，可以十分自由，非常轻巧，具有突出的艺术效果和装饰作用。其建筑内部包括隔断、隔扇、几腿罩、栏杆罩等在内的内檐装修基本都是用木材制作，方便制作并进行艺术加工，清代时期充分利用这个特点，使建筑的室内装修有了新的发展。

在谈到中国传统室内空间的组织和分隔问题时，李允鉌先生认为“中

1.［清］曹雪芹，高鹗. 红楼梦（第一册）［M］. 3版. 北京：人民文学出版社，1964. 第198-199页.

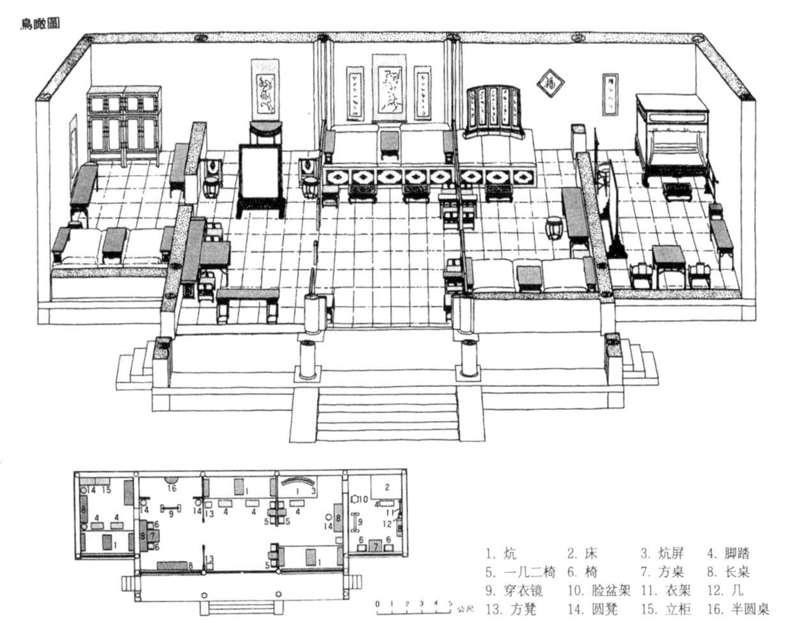

图4-30 清代普通住宅的室内空间布局
（图片来源：黄明山. 圆楼窑洞四合院［M］. 台北：光复书局，1992. 第143页.）

国建筑”积累了其他建筑体系所不及的无比丰富的创作经验，原因是“由于建筑设计与结构设计结合在一起而产生的一种标准化的平面的结果，室内房间的分隔和组织并没有纳入建筑平面的设计之内，内部的分隔完全在一个既定的建筑平面中来考虑。中国建筑长期面对着如何处理标准化和规格化的平面问题，千方百计使其能满足各种要求：在这样一个基本条件下，必然就会创造出极多、极成功的空间分隔和组织方式。”[1]

正因为中国传统建筑的木框架结构，除了围护用的外墙，室内并不需要承重墙体，从而给室内空间的划分带来极大的灵活性，对空间的再次限定是室内环境营造的一个重要方面。室内隔断是指室内作间隔空间用的构造，一般把隔断分为以下几类：

（1）里外完全隔绝的做法，如砖、木、竹等墙。

（2）里外半透明可随意开合的，如槅门。

1. 李允鉌. 华夏意匠［M］. 天津：天津大学出版社，2005. 第295-296页.

（3）半隔断兼作陈设家具用的，如博古架或书架。

（4）仅作为不同区划的标志的，如各种落地罩、栏杆罩、花罩等。

（5）在炕上或床前作轻微隔断的，如炕罩。

（6）迎面方向固定的隔断而开左右小门的，如太师壁。

（7）开合随意，内外可随时延连，如帷帐等。[1]

从前文中引用的《红楼梦》第十七回《大观园试才题对额　荣国府归省庆元宵》中对怡红院用隔断分隔空间所做的详尽描述中可以看到，怡红院中将隔断与书架、门窗、博古架有机地组合在一起，把灵活性发挥到极致。这里隔断不但用来营造空间，而且用作展示的道具。这足以说明清代以来隔断的形式不断创新，层出不穷，千变万化，由此把中国传统室内空间的分隔方式发挥到了极致，概括起来主要形式有以下几种。

4.3.1 砖墙与木板壁

清代宫廷墙壁多刷黄色的包金土或贴金花纸、银花纸，或在墙上裱糊贴落。宫廷中也用预制的木格框，裱糊夏布、毛纸，粉刷成白色，然后固定在墙壁毛面上，称“白堂篦子”，是一种高级的预制墙面。北方民居以砖墙做隔墙，表面为麻刀白灰抹面，或清水砖做细，或做壁画。农户住宅墙体多土坯墙，其面层为稻壳泥，刷白灰水罩面，有的还在面层上裱糊大白纸一层。南方民居多用木板壁或编竹夹泥壁作为隔断墙，富裕人家的编竹夹泥墙做法考究，面层抹纸筋灰粉白，甚至有用夏布罩面、抹灰粉白者。另外，四川、青海藏居也喜欢用木板壁隔墙。木板壁表面或涂饰油漆，或施彩绘，具有很强的装饰性。广东一带喜欢用清水砖墙直接面向室内，取其阴凉宜人之感。新疆南疆民居多用石膏花饰装饰夯土内墙面，极具少数民族地方特色。

4.3.2 隔扇

隔扇，也叫碧纱橱，是一种极具灵活性的活动隔断，满间安装，一

1. 刘致平. 中国建筑类型及结构［M］. 北京：中国建筑工业出版社，1987. 第78页.

图4-31 北京故宫养心殿紫檀透雕绳纹嵌玉夹纱灯笼框隔心隔扇
（图片来源：故宫博物院古建管理处. 故宫建筑内檐装修［M］. 北京：紫禁城出版社，2007. 第157页.）

图4-32 苏州网师园看松读画轩内的隔扇
（图片来源：苏州民族建筑学会，苏州园林发展股份有限公司. 苏州古典园林营造录［M］. 北京：中国建筑工业出版社，2003. 第151页.）

般用6扇、8扇等双数在进深方向排布。一色相近的隔扇门很大气，其灵活性体现在遇有家庭、家族大型活动，如宴会等活动需要大空间时，或者因实际使用的变化需要对空间重新划分的时候，隔扇可以随时拆卸搬移，在固定使用时，通常它的中间两扇像房门一样可以自由开关，并以此来决定室内空间连通与否，在可开启的两扇上往往还备有帘架，可以根据不同的气候和使用情况来挂帘子（图4-31）。

关于隔扇在空间中位置的问题，现今学术界通常认为“在通进深的部位”安置。事实上，这只是常见的一般的（或简单的）布置方式，在传统建筑的室内空间中碧纱橱的使用方式和设计比这复杂得多。

用于室内的隔扇多用硬木制作，如紫檀、红木、铁梨、黄花梨等，民居中也使用楠木、松木制作。这类隔断的隔扇心往往做成双层，两面可看。棂格疏朗，以灯笼框图案最常用。棂格心糊纸或纱，称夹堂或夹纱，并在纸上、纱上书写诗词、绘制图画，成为室内有书卷气的装饰品，多用于厅堂或书房内（图4-32）。

南方的隔扇门又称屏门，多做成实心板的隔扇心，上面裱贴整幅字画或在心板上阴刻字画，填描石绿颜色，文化气息更为浓厚。广东和云南等地的屏门心板多为木雕制品。

隔扇式隔断是传统居住环境中较为常用的空间分割类用具，无论是南方室内隔扇的工整细腻，还是北方室内隔门的疏朗大气，通过它与周围环境产生的轻重、浓淡、虚实对比，中国传统建筑的室内环境富有装饰美感。

4.3.3 博古架和书架

博古架也称多宝格、百宝架，这种新型家具（或称隔断）在清代十分盛行。就其本身来说，它的功能是陈列众多文玩珍宝，但因其形式的通透性、尺寸的灵活性及作为整体所形成的极强的装饰性，可以根据室内空间环境的变化而做出适当的调整，在清代，它已成为分割室内空间的一种隔断形式。从博古架的名称和样式可知，它最初的主要功能应该是陈放古董一类的工艺品，如瓷器、铜器、木器等，它分格的大小依据陈设物品的尺寸而定。除了大型的博古架，还有微型博古架，尺寸一般在1尺左右，置于案头作为摆设。微型博古架既是陈放器物的家具，其本身也是一件精美的陈设品，从它及其所陈设的物品便可推知能够拥有它的主人不是俗人。博古架的材料往往采用较珍贵的硬木，工艺较精细，形式也比较有品位，它本身的形式和陈列的物品是主人品位的反映，也成了室内最好的装饰。

利用博古架玲珑剔透的特点和形式上的美感而用作室内隔断始于清代，应该说这是一个伟大的创举，也是隔断中具有实用功能的一种形式。宫廷及大宅中往往将整个开间置放博古架或书架，既可以摆放陈设品和书籍，也能起到隔断的作用（图4-33）。

博古架在设计上形式多变，根据它摆放的位置和陈设的物品绝不雷同，当靠墙摆放时，仅具实用性和装饰性，是室内的一个背景，整体形状多为简单的方形，尽量占用最少的空间，更多地容纳物品，单面装饰；当立于房间中间兼具隔断功能时，形式变化会更加多样，有时用组合的方式，结合博古架设置门洞，双面都做装饰性雕饰。门洞设于中间或是一旁，有圆形、方形、瓶形等多种形式。

博古架分格空间长短大小不一，以便放置不同规格的器物，也有的

图4-33　北京故宫养心殿宝座
（图片来源：胡德生. 明清宫廷家具大观［M］. 北京：紫禁城出版社，2006. 第692页.）

以拐子纹形式组织小空间，边缘处还加饰花牙子。博古架下部为橱柜，上部为顶龛，作为储藏之用。

书架作为分隔的方式与博古架有共同之处，都具有实用性的特点，不同之处在于，书架在设计上更加注重整体性，以书籍为主要装饰和陈设对象，体现的是内在风雅而非表面的阔绰。书架也往往整间布置，形成隔断墙。书架外表可露明，亦可悬挂罩布或装木板门扇。书架多用于书房、琴室等房间内。

4.3.4 罩

罩应该是随着帷帐的使用而兴起的，开始是为了张挂帷帐产生的辅助构件，而后模仿帷帐的装饰效果逐渐衍化成一种独立的装饰要素[1]。但作为一种室内环境中的装饰构件，其名称的出现比较晚，宋《营造法式》中还没有与这类构造类似的描述和记载。在形式上，罩是花牙子的一种发展，成熟也应该很晚，唐宋时期建筑风格粗壮雄浑，虽然在室内环境营造上有此种意匠，但应该不会出现这类细致的雕琢和装饰。

到了清代，罩成为室内环境营造中颇为重要和流行的设施，甚至在更小的空间分隔上也常常用罩，如炕罩、床罩等。罩类构件多安置在大型厅堂之内，作为分间的手法；或安装在厅堂后金柱之间，以便强调后檐墙面上的装饰。

罩不像隔扇式隔断那样可以开启闭合、拆卸自如，而是一种固定封闭式的装修构造。罩，对空间的划分是真正意义上的象征性、心理（感觉）上的限定，而非真正围合一定的空间。罩的形式很多，如天弯罩、几腿罩、落地罩等，它们的共同点是有三面围合，即上与天棚连接，左右与柱式墙连接，虚其中而余其下。“这种分隔的限定度很低，空间界面模糊，但能通过人们的联想和‘视觉完形性’而感知，侧重心理效应，具有象征意味，在空间划分上是隔而不断，流动性强，层次丰富，意境深邃。”罩更具装饰性，有一种朦胧和模糊的美。

罩在南方住宅中使用得很普遍。开敞、疏朗的空间效果尽管美观，但在需要保持室温的北方并不适用，而更宜于湿热的南方地区。

罩更重于装饰性，往往用于富豪士绅的住宅，至于贫寒人家则很难在此耗费财力。对于豪门的大型厅堂，其主要功用是礼仪交往，这种空间不是为了日常起居，而是为一定礼仪场合而备，既要求有一定的面积，又要使空间适宜于人的尺度。正是罩的运用，空间在整体上隔而不断，增加了空间的层次感，把开敞的室内分割成人在心理上能够接受的宜人尺度，倍增亲切之感（领域感），起到了充实、丰富空间的效果又极富流动性。用罩划分的小空间，结合家具陈设的不同组合方式能够获得不同的视觉效果。罩自身的装饰性内容也使人感到亲切。

1. 李允鉌. 华夏意匠［M］. 天津：天津大学出版社，2005. 第298页.

1. 落地罩

落地罩就是在开间（或进深）范围内左右各立隔扇一幅，上部设横披窗联系，隔扇与横披交会处装饰有花牙子，这样形成一个装饰感很强的门框，中间可以通行（图4-34）。

2. 几腿罩

在梁柱上为减低净空的高度而装设的称几腿罩，几腿罩就是在开间左右各有一短柱，不落地，柱间为一雕刻花板，弯弯地悬挂在上面。这种样式在四川也被称为“天弯罩”（图4-35）。

3. 栏杆罩

栏杆罩就是在开间两侧各立两根柱子，柱子中间安设一段木栏杆，中间部分上悬横披或几腿罩而共同组成（图4-36）。

有时将落地罩的两侧隔扇改为带立柱的栏杆，就会变成栏杆罩，栏杆罩在视觉上的通透性和流通感更大一些。

图4-34　河北承德避暑山庄如意洲延薰山馆落地罩
（图片来源：庄裕光，胡石．中国古代建筑装饰·装修［M］．南京：江苏美术出版社，2007．第251页．）

图4-35　几腿罩
（图片来源：故宫博物院古建管理处. 故宫建筑内檐装修［M］. 北京：紫禁城出版社，2007. 第189页.）

图4-36　北京故宫漱芳斋栏杆罩
（图片来源：故宫博物院古建管理处. 故宫建筑内檐装修［M］. 北京：紫禁城出版社，2007. 第267页.）

4. 花罩

花罩就是落地的几腿罩。其形式有如两边挂起来的帷帐，减少柱间净空宽度的也可称为落地罩，又称地帐，可能是取意于其在形式上像是两边拉开来了的帷帐。所有罩中形式上最富丽的就是花罩，花罩就是整个隔断上满是花格子和木雕，中间开一个门洞。花罩是罩这个形式发展到极致的形态，已经完全摆脱了帷帐的遗意，尽量去追求花格子和木雕所产生的动人效果。整樘雕刻花板具有母题，如松鼠葡萄、子孙万代、岁寒三友等。雕法自然、通透，两面成形，花团锦簇，是极昂贵的工艺品式的装修。花罩种类极多，有各种组合。尚有一种花罩在整个开间雕满装饰纹样，仅在通行处设八方形、圆形或其他形式的门洞，称为八方罩、圆光罩（图4-37）、芭蕉罩（图4-38）。简单的做法就是两边安装隔扇各一扇，再在隔扇的顶上装一条横披，横披与隔扇转角的地方装一些花牙子之类的装饰，以打破方形门洞形状的呆板。

图4-37　苏州拙政园芙蓉榭圆光罩
（图片来源：苏州民族建筑学会，苏州园林发展股份有限公司. 苏州古典园林营造录［M］. 北京：中国建筑工业出版社，2003. 第156页.）

图4-38　苏州狮子林古五松园芭蕉罩
（图片来源：苏州民族建筑学会，苏州园林发展股份有限公司. 苏州古典园林营造录［M］. 北京：中国建筑工业出版社，2003. 第154页.）

5. 炕罩

明清时期，罩发展成为室内环境营造中颇为重要和流行的设施，有时在小空间的分隔上也使用罩，如炕罩（或者说床罩）。

炕罩就是将落地罩的形式置于北方民居的火炕炕沿木上，冬天可在罩上挂幔帐，形成相对独立的炕内空间，并兼有保温的功效。炕罩可能是由南方居室内的架子床发展而来的（图4-39）。

罩与其说是用来划分空间，不如说是示意空间的。因为在传统的中国室内环境营造观念中，大部分的室内空间是要求通透而不是要求绝对的划分，这一观念一直影响中国现代的室内环境营造观念。这并不是一种巧合，也不是为取得一致协调的审美效果而为之，而是两者同时都是基于“标准化”的平面以及框架式结构的共同条件下的产物。

图4-39 炕罩
（图片来源：庄裕光，胡石. 中国古代建筑装饰·装修［M］. 南京：江苏美术出版社，2007. 第244页.）

4.3.5 屏风

屏风是一种最灵活单纯的隔断。从古代遗留下来的典籍文献以及图画中的形象可以看到，中国建筑中最早用于室内空间分隔的设施并不是属于建筑的某种构造，而是活动性的帷帐、帷幕和屏风。其中屏风是最具装饰特征和灵活性的陈设。屏也可以说是一种行为方式。屏风的本意是有所选择地把人们不想接触的东西挡在外面，或者把不想泄露的东西帷护在里面。屏最早代表的是“隔断”的意念，也可以说“隔断”不过是发展了“屏”的含义。在生产力条件不高的远古，选用灵活方便的“屏风”作分隔室内的家具或隔断是自然而然的事情。屏风形式的发展经过了立屏、折屏、围屏、挂屏、小观赏屏、微屏的过程。屏的观念已经逐渐减弱，因为室内其他隔断设施已逐渐丰富起来。各种罩、隔扇等较为固定的隔断的出现，已经替代了屏风的功能和位置。

屏反映的是中国传统空间观。用在室内是屏风，用在室外是照壁。在传统设计观上认为空间不是孤立、封闭和静止的，它总在特定环境中，和周围其他空间进行联系和交换，并在联系和交换中舒展自己的个性，充盈着一种变幻的活力。屏正是达到这种虚幻之美、流动之美的最好方式（图4-40）。

4.3.6 太师壁

太师壁多用于南方民居的厅堂中，装在明堂后檐的金柱间。在厅堂后壁中央做出板壁，上面悬挂字画、中堂或安置供奉先祖的壁龛，也有的在板壁上装饰以雕刻团龙凤纹样的木雕或用双数隔扇组合而成，而在壁两侧靠墙处各开设一小门，通往厅堂后间或楼梯间。太师壁前设条案及八仙桌和太师椅。这种处理方式已经成为清代民居厅堂陈设艺术的固定模式（图4-41）。

图4-40　北京故宫养性殿中的屏风
（图片来源：故宫博物院古建管理处. 故宫建筑内檐装修［M］. 北京：紫禁城出版社，2007. 第169页. ）

图4-41　胡适故居中的太师壁
（图片来源：刘森林. 中华陈设——传统民居室内设计［M］. 上海：上海大学出版社，2006. 第96页. ）

图4-42　苏州网师园集虚斋中的屏门
（图片来源：苏州民族建筑学会，苏州园林发展股份有限公司. 苏州古典园林营造录［M］. 北京：中国建筑工业出版社，2003. 第55页.）

4.3.7 屏门

屏门是在门框架内正面满镶木板的隔扇，多扇屏门拼成一道可以开启的屏壁。屏门一般设在堂屋明间室内的后金柱之间，起到屏风的作用，转过屏门可由房屋的后檐门出去。屏壁一般由4~6扇屏门组成，平时不开，仅在举行婚丧大事时才启用。一般屏门表面为白色粿漆镜面做法。但在园林建筑和有些南方民居的室内空间中也做成隔扇的形式，或在大漆板门上刻线画等，以增加美感和观赏趣味。屏门往往在室内空间组织中起到视觉中心的作用（图4-42）。

4.3.8 轻质隔墙

一般农户多用苇席、竹篾编织成墙作为隔断，高1人左右，且随意变动，对空间的组合十分自由。1793年英国人见到的中国普通农宅就是这个样子："房子属木结构。房梁不是方形的，室内也没有天花板，所以屋顶的稻草暴露无遗；地面是夯打结实的泥土地。从房梁上垂下一些草席把屋子分成若干个房间。"[1] 这种分隔空间的方式至今在中国偏远地区的民宅中依然使用，譬如，有些云南地区少数民族的传统住宅中，还在使用这种传统的方式。

通过对清代室内空间分隔形式的分析，可以归纳出清代建筑室内空间的营造中有下面几种分隔形式：

1. 绝对分隔

绝对分隔是直接利用砌筑墙体这样的实体界面对空间进行高限定性的分隔，这样分隔出来的空间具有绝对的界限，封闭性极强。这种分割形成的空间，一般隔声性好、视线阻隔性良好，具有很好的私密性、领域性和抗干扰能力，但与室外或其他室内空间之间的关系失去渗透性、灵活性和流动性。

2. 局部分隔

局部分隔具有界面的不完整性，通常使用片断式的界面或构件。如不到顶的隔墙、隔断、屏风、高家具等来划分，局部分隔限定度较低，因而隔声性和私密性等必然会受到影响，但室内空间形态更加丰富和复杂，趣味性、流动性与功能性都会大大增强。

3. 弹性分隔

弹性分隔是一种可以根据要求随时移动或启闭的分隔形式，这种分隔可使空间扩大或缩小，根据使用功能的变化重新划分和组合空间。通常用可以推拉、拆装、折叠、升降的活动隔断进行分隔，如帷帐、屏风、隔扇、帘子、家具及陈设等，以形成灵活、机动的空间形式。

4. 虚拟分隔

虚拟分隔是限定度最低的一种分隔形式，用来分隔室内空间的界面模糊，甚至无明确界面的分隔形式，但能通过"视觉完整性"这一心理效应达到心理上的划分，因而是一种不完整的、虚拟的划分。常用的手

1. [法] 佩雷菲特. 停滞的帝国——两个世界的撞击 [M]. 3版. 王国卿等译. 北京：生活·读书·新知三联书店，2007. 第52页.

法有顶棚、台阶、罩、栏杆、架格、垂吊物、家具等，这种分隔流动性强，做法简单，但行之有效，可以创造出丰富、多层次的深层面物理空间和心理空间，中国传统建筑室内空间环境中的罩是这种分隔空间形式的典范。

第5章

得体与相宜
——清代的室内陈设艺术

清代是中国历史上工艺品、陈设品全面发展的时期，室内陈设的丰富性和艺术性，前朝都无法与之相提并论。从其发展历史看，清代的工艺美术大体经历了两个阶段：清代中期以前，继承明代的传统，在生产技术和艺术创作方面都有所发展；中期以后，工艺品的艺术创作与室内环境营造一起追求华美与繁缛，走向了烦琐堆饰，破坏了器物的整体感，格调不高，但工艺技术方面仍然取得了很大的进步，并影响室内装修的做法和工艺，直接影响室内环境的营造。乾隆时期在清宫内专设如意馆，集中了全国工艺品制作方面的能工巧匠，设计并制作宫廷装修及陈设品。郎世宁、艾启蒙、冷枚、丁观鹏等一大批中外画家及工艺品制作者都在如意馆供职。如意馆的作品融汇了南北风格、中西流派，对清代建筑的室内环境营造产生很大影响。

尽管单件陈设品的制作因过分追求工艺技术和装饰效果而缺乏整体感，但就室内环境中的陈设艺术设计而言，与明代相比，不但陈设品种类繁多，而且在设计的整体协调上也取得很大的进步。

5.1 陈设艺术的类型

陈设品可分为两大类：一类为仅供观赏品味的艺术品，如古玩、字画、盆景、盆花等；另一类为具有一定实用价值的高档工艺品，如炉、盘、瓶、屏、灯、扇、架、钟表等。家具是具有实用价值陈设品中的一大门类，本书另有篇章论及。

5.1.1 供观赏品味的艺术品

1. 书法

书法艺术是中国传统艺术中历史悠久又极具特色的一个门类。书法既能以其内容为人们提供信息，又能以其独特的艺术形式供人欣赏，因此一直是中国传统室内空间环境中不可或缺的一部分。由于相对容易获得，应用非常普遍。

陈设在室内的书法内容种类较多，从内容上看，有诗词、山水诗赋、山水散文、园记、楼记、堂记和亭记等；从陈设形式看，有屏刻、楹联、匾额以及与挂画相似的字画等。作为室内陈设的书法，均有鉴赏指引的功能：它可以传递环境信息，揭示环境内涵，点明环境主题，激励观者或用以自勉，还可从整体上参与空间环境的形式营造。

1）屏刻

屏刻就是在屏壁上书写或雕刻文字，是一种与室内装修做法结合的形式，屏刻往往是它所在空间的视觉中心，类似于今天所谓的主题墙。这种做法在南方的住宅比较常见，譬如苏州狮子林燕誉堂就是一个比较典型的例子。在鸳鸯厅中间分隔空间的屏壁朝向南厅的一侧正中，将《贝氏重修狮子林记》刻于八扇屏门组成的屏壁上，与楹联、牌匾等有机地结合在一起，内容和形式上交相呼应，大大浓郁了厅堂的文化意蕴，是屏刻中非常具有代表性的实例（图5-1）。

2）贴落画

北京故宫的宫殿堂室内，隔扇的形式丰富多样，工艺做法很多。有些隔扇会在精致的夹纱上镶嵌小幅书画，被称为贴落画（图5-2），是一种将诗书绘画融入装修的高雅方式。贴落画在使用的部位上比较灵活，形式上也有多种变体，可以因地制宜，有的与几腿罩、落地罩等结合在一起。作为一种装修形式，这种做法具有浓郁的文人趣味，民居中也有使用，在文人士大夫的宅第中比较常见。

图5-1　苏州狮子林燕誉堂
（图片来源：苏州民族建筑学会，苏州园林发展股份有限公司. 苏州古典园林营造录［M］. 北京：中国建筑工业出版社，2003. 第39页.）

图5-2　北京故宫符望阁中几腿罩上的贴落画
（图片来源：故宫博物院古建管理处. 故宫建筑内檐装修［M］. 北京：紫禁城出版社，2007. 第195页.）

3）匾额

室内空间环境经常用匾额点题，尤其是在文人的宅第中，其内容多是寓意祥瑞、规诫自勉、寄志抒怀。北京圆明园有大量匾额，诸如“刚健中正”“万象涵春”“山辉川媚”“无暑清凉”“纳整”和“得自在”等。曲阜孔庙大成殿中就有历代帝王书写的御匾，“万世师表”“斯文在兹”“与天地参”等11块。匾额在江南一带的私家园林中使用的更为普遍（图5-3）。李渔的《闲情偶寄·居室部》中就有章节专门谈到联匾，可知南方园林中使用的匾额花样甚多，如秋叶匾、虚白匾、册页匾、石光匾等。

4）对联

我国的对联有悠久的历史，西蜀后主孟昶于公元964年所作“新年纳余庆，嘉节号长春”被认为是我国最早的春联。

图5-3　苏州留园五峰仙馆内景
（图片来源：黄明山. 意境山水庭园院［M］. 台北：光复书局，1992. 第59页.）

对联是中国独有的文学形式，篇幅可长可短，短者可为四言、五言、六言或七言，长者可达数十字或上百字。昆明大观楼悬挂的乾隆时期孙髯所撰写的对联长达180字，成都望江楼长联更有212字之多，都是海内闻名的长联佳作。

对联的作用与匾额相似，实质都在发掘和阐述环境的意境。以乾隆为北京成贤街孔庙大成殿所作对联为例：气备四时，与天地鬼神日月合其德；教垂万世，继尧舜禹汤文武作之师。

就是从道德和师表两方面赞颂孔子，从而进一步升华了孔庙室内环境的意境，具有很好的示范意义。

室内的对联有三种展现方式，即当门、抱柱和补壁（图5-4）。中国传统建筑以木结构为基本体系，室内空间中柱子较多，为悬挂对联提供了极大的便利，所以在上述三种方式中，抱柱也是使用最多的展示方式。

图5-4　山东曲阜孔府喜堂
（图片来源：庄裕光，胡石. 中国古代建筑装饰·装修［M］. 南京：江苏美术出版社，2007. 第285页.）

5）字画

中国书法本身是一种类似音乐或舞蹈的节奏艺术，具有形式之美，有情感和人格的表现。每个时代的书法艺术特色各异，“晋人尚韵、唐人尚法、宋人尚意、明人尚态、清人尚质”。书法可以像绘画一样，装裱后悬挂于室内墙面上。但是将书画相联系，不完全是因为书法也可以像绘画那样张挂起来，更重要的是书法自身纸面上的构成形式，它的浓淡、疏密、轻重、缓急、刚柔、静动，就具有极大的审美价值（图5-5）。

图5-5　杭州胡庆余堂的锁春堂
（张建庭. 胡雪岩故居［M］. 北京：文物出版社，2003. 第122页.）

2. 绘画

源远流长的中国古代绘画艺术契合了中国传统的文化价值观、审美观、思维方式和艺术方法。在形式上，它既可以讲究法度、精致缜密，也可以抒情写意、脱略形迹。在内容上，涵盖人物、山水、花鸟三大画科。历代绘画都有自己的特色，清代也不例外。清代的画家之众、画派之多均超过从前，尽管在画法创新上不尽人意，但也取得了很高的艺术成就。人物画特别是工笔人物画日渐式微，只在山水、花鸟及写意人物画等方面尚有较大进步。

清代绘画继承元明传统，士大夫文人画占据主流，加上清代历朝皇帝大多爱好绘画艺术，力加倡导，促使更多的人投入到绘画行列。清代后期，中国逐渐沦为半封建半殖民地社会，士大夫文人画走向衰落。在辟为通商口岸的上海、广州等地出现了“海上画派”和“新岭南画派”。这些画派新颖活泼，题材更为丰富，为广大市民所喜爱，对开拓近现代画风起了重要的作用（图5-6）。

图5-6 《天香图》局部，赵之谦，故宫博物院藏

清代初期，一些西洋画家来到中国，有的甚至进入内廷画院，他们将西洋画法也带入中国。康熙晚期至乾隆初期，一些西洋传教士进入画院供奉内廷。起初他们以自己擅长的古典主义风格油画作品进献，但是由于中西艺术风格差异，西方绘画使用的明暗对比、阴影强烈、焦点透视的写实主义风格，与中国写意风格的作品完全不同，皇帝并不欣赏传教士的作品。为了取悦帝王，西洋画家纷纷改变其画风，吸收中国的绘画技法，在作品中渗入中国传统审美意趣，比如减弱明暗对比，减少高光，以细致的渲染避免笔触的暴露，用皴擦取代阴面涂染。清代画院中西洋画家很多，以郎世宁、艾启蒙最为著名。

自从书画与室内环境营造发生关联，双方就互为前提，兼具双重意义。书画艺术的介入无疑提升和增润了室内空间环境的艺术文化格调和氛围，而室内空间则为书画的展示提供了场所。明清时期的绘画，既流行于宫廷，也广泛用于民间，在室内悬挂书画的做法非常盛行。

3. 挂屏

明末清初出现了一种悬挂于墙面的挂屏。它的芯部可用各种材料做成，但最多的是纹理精美的云石，因为它们可以使人联想到自然界的山水、云雾、朝阳落日，形似绘画，实则天成。因此，往往比一般绘画更加耐人寻味，更加有情趣。挂屏的芯部有方、有圆，它们均被镶嵌在一块木板上，四周则为一个优质木材制作的边框。挂屏大都成对布置，四扇一组的即称四扇屏。挂屏既可以布置在厅堂的正中，相当于中堂，也可以挂在中堂的两侧，占用对联的位置。挂屏在清代更是风行一时，不仅见于宫廷，也见于达官贵人乃至一般平民的住所。

图5-7 清中期紫檀边座嵌牙点翠仙人楼阁插屏
（图片来源：胡德生. 明清宫廷家具大观［M］. 北京：紫禁城出版社，2006. 第374页.）

座屏，本来是一种家具，明清时，有些人出于欣赏的目的，将其缩小，置于炕上或桌案上，于是便出现了专供欣赏的炕屏与桌屏（图5-7）。

现悬挂于北京故宫储秀宫东稍间的紫檀边漆心博古挂屏为紫檀木边框，屏芯是以玉石、象牙、木雕等嵌成的博古图案，表现出一副喜庆、祥和的景象。右上角嵌玉字御制诗，内容为祝颂升平之意（图5-8）。

图5-8　清中期紫檀边漆心博古挂屏
（图片来源：胡德生. 明清宫廷家具大观［M］. 北京：紫禁城出版社，2006. 第377页.）

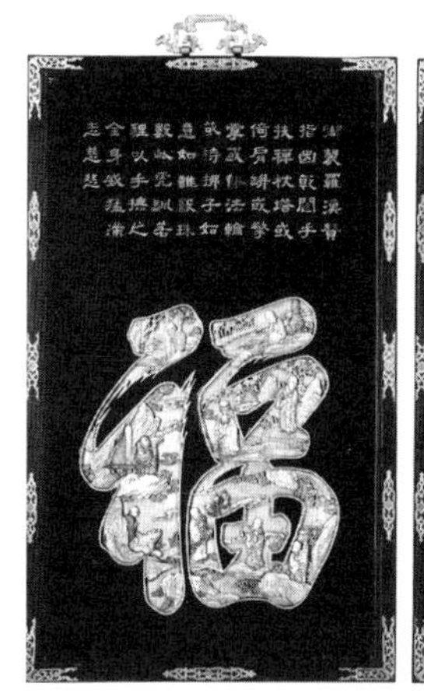

图5-9　清紫檀边框嵌牙仙人福寿字挂屏
（图片来源：故宫博物院. 明清宫廷家具［M］. 北京：紫禁城出版社，2008. 第296页.）

紫檀边框嵌牙仙人福寿字挂屏的边框用紫檀木制作，正面两边起线，当中镶染牙镂雕梭子纹，框内镶黑漆心，当中嵌铜镀金“福”字，另一件嵌“寿”字。在“福”字和“寿”字的槽内，以象牙着色手法嵌山水树石，中间散布十八罗汉，两扇挂屏各9个罗汉。福、寿字的上方，用象牙着色手法凸嵌乾隆皇帝御制《罗汉赞》(图5-9)。

4. 年画

到了乾隆年间，清代年画已经普及大江南北，达到了全盛的时期。就产量多、影响大、风格鲜明而言，以天津的杨柳青、江苏苏州的桃花坞和山东潍县的杨家埠年画最为著名。

年画与一般绘画不同，它一年一换，是平民百姓家家都要张贴的画种。人们用它表达祝愿和希冀，并从中增长知识，得到美的享受。年画的题材有故事戏文、风土人情、美人娃娃、男耕女织、风景花鸟和神像等，大多寓意吉祥，因此，是居室，特别是农民住屋不可缺少的装饰

图5-10　清代杨柳青以《红楼梦》为题材的年画（清杨柳青画师高荫章）
（图片来源：洪振快. 红楼梦古画录［M］. 北京：人民文学出版社，2007. 第341页.）

品（图5-10）。潍县（今潍坊）是清代山东东部的经济文化中心。县城东北的杨家埠是木版年画的发源地之一。当地历史文物证明潍县木版年画最迟出现于乾隆以前。乾隆年间可考查的潍县年画店有永盛、吉盛、公义、公泰、公茂、公兴等。道光、咸丰年间，年画店迅速发展到60多家。至光绪年间，潍县年画达到全盛。潍县木版年画具有浓厚民间艺术特色，题材多取于农村人情风俗，人物造型夸张，构图吸收了杨柳青年画的某些长处，变得更加饱满。潍县年画是分色套版，着色上既有北方的质朴明快，又有南方的雅致柔丽。潍县木版年画的艺术风格还影响了平度与高密年画的发展。

5. 插花、盆花与盆景

插花与盆花源于佛前供花，又受到绘画、书法和造园的影响，是室内空间环境中比较常用的一种陈设。清代插花、赏花之风不亚于明代，只是欣赏角度有些变化，表现之一是由人格化向神化转化，往往把赏花作为精神上的一种寄托，表现之二是常常利用谐音等赋予插花以吉祥的含义，如用万年青、荷花、百合寓意“百年好合”，用苹果、百合、柿子、柏枝、灵芝寓意“百事如意”等。

盆景的历史久远，根据《盆景学》一书的观点，盆景起源于7000年前的新石器时期[1]。其依据是：1977年浙江余姚河姆渡新石器时期距今约7000年的第四文化层中，出土了两块盆栽图案的陶器残块。一块是五叶纹图案，刻画的图案保存完整。在一个带有短足的长方形花盆内，阴刻着一株万年青状的植物，共五叶，一叶居中挺拔向上，另四叶对称地分到两侧，画面比例协调，统一均衡，充满生机。另一块是三叶纹图案，在一个刻有环形装饰图案的长方花盆上，也阴刻着一株万年青状的植物，共三叶，均略向斜上挺立，生机盎然，富于动感。汉代是我国盆景的形成时期。西汉张骞出使西域时，为了把西域的石榴引种到中原来，采用了盆栽石榴的方法。这是我国最早的木本植物盆栽的文字记载。据野史记载，东汉费长房能集各地山川、鸟兽、人物、亭台楼阁、帆船舟车、树木河流于一缶，世人誉为“缩地之方”。这就是所谓的缶景。从上述描述可以清楚地看出，缶景已不再是原始的盆景形式，成了盆栽基础上脱胎而出的艺术盆景。这是迄今为止我国最早有关艺术盆景的记载。因此可以这样说，艺术盆景应该起源于东汉时期。

从魏晋南北朝开始，士大夫艺术开始殚心于狭小表现空间内独有的趣味及其创作技巧。中唐以后，“壶中天地”的境界在极短时间内就成为士人最普遍、最基本的艺术追求，盆景的制作技艺比较成熟。宋代赏玩奇树怪石蔚然成风。元代实现了盆景的小型化。明清盆景技艺更加成熟，并有专著问世，对盆景树种、石品、制作、摆置、品评等在理论上做了较系统的论述。清代盆景的类别形式更为多样，除山水盆景、旱盆景、水旱盆景外，还有带瀑布的盆景及枯艺盆景。

1. 彭春生，李淑萍. 盆景学［M］. 北京：中国林业出版社，1994. 第7页.

图5-11　清代画家赵之谦笔下的插花

图5-12　清代画家任伯年笔下的盆花

图5-13 《雍正帝行乐图》之十四中的盆景
（图片来源：吴美凤. 盛清家具形制流变研究［M］. 北京：紫禁城出版社，2007. 第195页.）

由于年代久远，清代插花与盆花没有实物遗存，但诸多绘画中均有插花、盆花的形象（图5-11、图5-12）。清代盆景，以乾隆、嘉庆年间为最盛。康熙本身就酷爱盆景，并曾作《盆中诗》，诗曰“岁寒坚后凋，秀萼山林性。移根黼座旁，可托青松柄”。

清代盆景，既有树桩盆景，也有山石盆景。《虎丘志》载：“虎丘人善于盆中植奇花异草、盘松古梅，置几案间，谓之盆景。”说的是树桩盆景。诸九鼎在《石谱》中说：“遂命童子江上觅之，得石子十余，皆奇怪精巧。”说的则是搜集奇石，以制山石盆景（图5-13）。

6. 小型雕塑及工艺雕刻

清代之前，雕塑主要用于室外、寺庙和陵墓。为美化生活，适应观赏需要，到清代出现了大量置于案头的小雕塑，包括玉、石雕，牙、骨雕，竹、木雕，陶、瓷雕和泥塑等。有的雕刻还具有一定的使用功能。

雕刻的内容丰富，样式繁多，多为佛道形象、历史故事、神话传说、生活风俗、戏曲情节和山水花鸟等。佛道形象中，以仙、罗汉、寿星最为人们所熟知。此时的他们，已经不是单纯崇拜的对象，而是人们寄托希望的化身（图5-14）。

图5-14　清邓孚嘉竹雕陶渊明采菊
（图片来源：朱家溍，王世襄. 中国美术全集·卷46·工艺美术编——竹木牙角器［M］. 北京：文物出版社，1987. 第27页.）

工艺雕刻品大都供皇家、权贵们享用。如《大禹治水》就是由清宫廷造办处起稿，由扬州工匠耗费10年时间制作完成的。玉雕高过2m，宽近1m，重达5300kg，用新疆和田玉制成，生动地表现了人民与凶山恶水斗争的场景，堪称古代玉雕中的巨作。

在雕刻艺术发展中，不同的雕刻繁荣于不同的地区，如玉雕以北京、苏州最著名（图5-15）；牙雕除北京外，以广州最著名；石雕以盛产美石的浙江青田和福建寿山最著名；竹雕、竹刻以盛产竹子的江南最著名；陶、瓷雕以广东石湾、福建德化最著名；泥塑以无锡惠山最著名。

图5-15　清玉“会昌九老图”山子
（图片来源：杨伯达. 中国美术全集·卷44·工艺美术编——玉器［M］. 北京：文物出版社，1986. 第194页.）

泥、陶、瓷塑的出现，具有特殊的意义。它表明，雕塑已不再是皇帝、后妃们，以及权贵、商人、

图5-16　清代泥塑“苏州姨娘”
（图片来源：曹振峰. 中国美术全集·卷47·工艺美术编——民间玩具剪纸皮影［M］. 北京：人民美术出版社，2006. 第59页.）

图5-17　清无款钟馗挑耳图木雕笔筒
（图片来源：朱家溍，王世襄. 中国美术全集·卷46·工艺美术编——竹木牙角器［M］. 北京：文物出版社，1987. 第10页.）

地主等专有的玩物，而是逐渐进入寻常百姓家，为大众乐见。无锡惠山泥人，始于明，盛于清，主要题材是“大阿福”“小阿福”（泥娃娃）、神话传说和戏文风俗等故事中的人物（图5-16）。石湾瓷塑大都取材于渔、耕、樵、读以及李白、杜甫、钟馗等人物，都是广大群众喜闻乐见的。

清中期以后，竹雕逐渐衰落，而木雕吸收竹雕中圆雕、浮雕、透雕等多种雕刻技法，并广泛运用于建筑、家具、摆设、器皿等方面，开始进入兴盛时期。其中比较著名的有浙江东阳木雕、浙江黄杨木雕、福建树根雕、潮州金漆木雕、云南大理木雕等。东阳和大理木雕多以浮雕为主，雕刻精致细腻，且构图采用鸟瞰透视，层次清晰，主次分明，画面饱满，装饰性强。黄杨木雕主要产于浙江温州一带，以采用质地坚韧、纹理细密的黄杨木而得名，其制品多以圆雕手法雕刻，内容多为人物。清代民间木雕发达，技艺高超，技法多样，品种与造型也是千姿百态，可谓中国木雕的黄金时代（图5-17）。

牙雕由于原料珍贵，不像瓷器、漆器那么普遍，因而仅能被小范围内的人拥有、赏玩。作为室内陈设品，尽管牙雕也不像家具、陶瓷一类大型器物那么醒目，但在装饰意义上同样具有其他物品无法替代的功能。牙雕器物一般不大，除了纯粹意义上的装饰工艺品外，还有笔筒、笔掭等具有使用功能的物品，这样的牙雕器物，比较少见，因而比较贵重，极富艺术价值（图5-18）。

5.1.2 具有一定实用价值的工艺品

1. 陶瓷

图5-18 清象牙镂雕花卉圆盒（图片来源：朱家溍，王世襄. 中国美术全集·卷46·工艺美术编——竹木牙角器［M］. 北京：文物出版社，1987. 第98页.）

清代的陶瓷在制作和烧造工艺方面达到历史最高水平，但整体设计水平已经下降，审美格调显得平庸艳俗。清代制瓷中心仍为江西景德镇，顺治年间官窑瓷器仍采取宋元以来“有命则供，无命则止”的方式，烧造量不大。康熙十九年（1680）实行“官搭民烧”的制度，开始了大规模清宫瓷器的烧造。清代主要瓷种有青花、釉里红、红蓝绿等色釉和各种釉上彩等。清代单色釉瓷器也比明代丰富得多。清代瓷器的主要成就是丰富了釉上彩的装饰技法，这个时期流行的新的装饰技法主要有康熙五彩、珐琅彩、粉彩等，都是康熙年间的成果；雍正年间在康熙制瓷工艺的基础上，达到了新的历史水平；到了乾隆时期更是达到“器则美备，工则良巧，色则精全；仿古清先，花样品式，咸月异岁不同矣”。[1]清代的瓷器设计脱离实用，一味追求仿古复古和玩弄技巧。朱琰的《陶说》就记叙了当时的制瓷业几乎以生产仿制瓷为时尚的状况：“戗金、镂银、琢石、髹漆、螺钿、竹木、诸作，无不以陶为之，仿效而肖。”[2]

从造型设计上看，清代瓷器基本上没有产生新的实验品种，日用器皿的造型大都沿用传统的样式，而陈设和玩赏品的品种大大增加，造型设计也越来越离奇怪异，成为纯粹的造型技巧的玩弄和制瓷技艺的炫耀。如模仿自然形态的像生瓷，把莲子、石榴、瓜子、花生、红枣等瓜果仿制得惟妙惟肖，却毫无实用价值。镂空套瓶和转心瓶，其造型设计如同走马灯，透过镂空的外瓶，可以窥视内瓶上转动的不同画面。此外，仿商周青铜器和宋、明时期瓷器的风气也十分盛行。

清代陶瓷制品种类繁多，归纳起来主要有饮食器具、盛放器皿和日用品几大类。属于室内陈设和玩赏用的有瓶、花尊、花觚、壁瓶、插屏、花盆和花托等，此外，还有一些瓜果、动物像生瓷及陶瓷雕塑等。陶瓷文具既是日用品，又是陈设品，水盂、笔筒、笔架、印泥盒

1.［清］蓝浦. 景德镇陶录［M］. 上海：上海神州国光社，1928年阴影印本.

2.［清］朱琰. 陶说［M］. 天津：天津市古籍书店，1988年影印本.

图5-19　康熙米色地五彩花鸟纹瓶
（图片来源：杨可扬. 中国美术全集·卷38·工艺美术编·陶瓷（下）[M]. 上海：上海人民美术出版社，1988. 第150页.）

图5-20　雍正五彩人物笔筒
（图片来源：杨可扬. 中国美术全集·卷38·工艺美术编·陶瓷（下）[M]. 上海：上海人民美术出版社，1988. 第169页.）

图5-21　康熙红彩描金饕餮纹薰炉
（图片来源：杨可扬. 中国美术全集·卷38·工艺美术编·陶瓷（下）[M]. 上海：上海人民美术出版社，1988. 第143页.）

图5-22　康熙黄地粉彩；龙凤纹印泥盒
（图片来源：杨可扬. 中国美术全集·卷38·工艺美术编·陶瓷（下）[M]. 上海：上海人民美术出版社，1988. 第184页.）

等，可以反映主人的文化素养和审美趣味，至于娱乐品则有陶瓷棋具等（图5-19～图5-22）。

清代，宜兴紫砂器的造型愈发丰富，制作日益精致，紫砂器不仅具有实用功能，还是人们的玩赏品，甚至成了身价极高的宫廷贡品。紫砂器以壶居多，但式样各异，有方的、圆的、多角形的，还有仿生的。

2．织物

元代，棉花种植面积增大，棉纺业随之发展，到了明、清，棉纺业便已普及至全国各地。丝织品种类繁多，有锦、缎、绸、罗、纱、绢、绉等，而每类又包括许多品种和花色。清代丝织品的早期图案多为繁复的几何纹，以小花为主，风格古朴典雅；中期受巴洛克和洛可可风格影响较大，倾向于豪华艳丽；晚期多用折枝花、大花朵，倾向于明快疏朗。丝织品除用于衣饰外，主要用作伞盖、佛幔、经盖和帷幕，在宫廷、王府、佛寺最常见（图5-23）。

图5-23 清彩织极乐世界图轴
（图片来源：黄能馥. 中国美术全集・卷42・工艺美术编・印染织绣（下）[M]. 北京：文物出版社，1987. 第162页.）

清代印染工艺先进，蓝印花布、彩印花布及民族地区流行的蜡染是室内陈设中常用的素材，如蓝印花布常用作桌围、门帘和帐子等。

明代刺绣就很发达，到了清代，已经形成了不同的体系，著名的有苏绣、粤绣、蜀绣、湘绣和京绣，此外还有鲁绣和汴绣。清代绣品有欣赏品和日用品两类，前者包括各种壁饰，后者包括椅披、坐垫、桌围、帐檐、壶套和镜套等（图5-24）。

图5-24 清粤绣名片夹
（图片来源：黄能馥. 中国美术全集・卷42・工艺美术编・印染织绣（下）[M]. 北京：文物出版社，1987. 第145页.）

清代丝织工艺在明代传统基础上得到了极大的发展，并形成了不同的地方体系。而清宫廷丝织工艺不但继承了古代丝织工艺，而且汇集了全国各地的丝织工艺精华，丝织花色品种多，织造技术完善成熟，主要成就表现在织锦、刺绣和缂丝三种产品上。清代宫廷织锦机构主要设立在四个地方：一是在北京，设有内织染局；二是在江宁（南京）、苏州、杭州，设有织造局。清代宫廷丝织工艺的高度发展，体现我国丝织技术的高度成就。清末宫廷丝织业逐渐衰落，民间丝织工艺吸收宫廷

图5-25 清缂丝佛手《双鸟图轴》
（图片来源：黄能馥. 中国美术全集·卷42·工艺美术编·印染织绣（下）[M]. 北京：文物出版社，1987. 第171页.）

图5-26 清粤绣《三羊开泰》挂屏
（图片来源：黄能馥. 中国美术全集·卷42·工艺美术编·印染织绣（下）[M]. 北京：文物出版社，1987. 第194页.）

丝织技术成就开始兴起（图5-25）。

清代丝织品有一种贵族化的倾向，主要表现在两个方面：一是图必有意、意必吉祥的装饰题材；二是繁缛精细、艳丽媚俗的设计风格（图5-26）。

3. 玻璃器皿

我国的古代玻璃工艺起源于春秋战国时期，到清代达到了繁荣阶段。玻璃的生产分南北两地，南方以广州为中心，北方以博山县为中心。

自元代以来，颜神镇一直是我国北方最大的玻璃（我国古代称为璧琉璃、琉璃、颇黎）生产中心，当地出产马牙石、紫石、凌子石、硝及丹铅、铜、铁等多种矿石，具备生产玻璃的天然条件。康熙三十五年（1696），清政府在内廷设立玻璃厂，专门为皇室制造各种玻璃器皿。雍正十二年（1734），在颜神镇设博山县。后来内务府玻璃厂开始招用博山

图5-27　清白地套蓝玻璃缠枝莲纹碗
（图片来源：杨伯达．中国美术全集·卷45·工艺美术编·金属玻璃珐琅器［M］．北京：文物出版社，1988．第145页．）

图5-28　清绿玻璃杯渣斗
（图片来源：杨伯达．中国美术全集·卷45·工艺美术编·金属玻璃珐琅器［M］．北京：文物出版社，1988．第135页．）

图5-29　清蓝玻璃刻花烛台
（图片来源：杨伯达．中国美术全集·卷45·工艺美术编·金属玻璃珐琅器［M］．北京：文物出版社，1988．第134页．）

玻璃工匠，博山玻璃工艺开始进入宫廷。乾隆时期，玻璃厂中的博山工匠仍占多数。清代造办处玻璃厂生产的器物种类繁多，主要有炉、瓶、壶、钵、杯、碗、尊及烟壶等，颜色丰富多彩，有涅白、黄、蓝、青、紫、红等30多种。装饰方式也有许多种，如金星料、搅胎、套料、珐琅彩等，其中套料装饰艺术是清代的创新，它是在白玻璃胎上粘贴各种彩色玻璃的图案坯料，然后经碾琢而成，其风格精致华美（图5-27～图5-29）。

4．金属制品

清代朝廷设有铸造局，专门打造兵器和宫廷用的金属器皿，与此同时，民间也有许多金属制品行业，因此，明清室内陈设中，均有一些金属制品或加杂金属工艺的制品。

明代金属制品中，最著名的是宣德炉和景泰蓝。

宣德炉是明王室为祭祀需要和玩赏需要，用从南洋得到的风磨锅铸造的一批小铜器，因其多为香炉，故以“炉”名之。现有宣德炉分为两类：一类是不加装饰花纹的素炉；另一类则经过镂刻鎏金等工艺加工。

景泰蓝是一种综合性金属工艺，属珐琅范畴。珐琅，就是将珐琅釉药粉末烧在金属器胎上。由于制作工艺不同，又分掐丝珐琅、内填珐琅和画珐琅。景泰蓝是对铜胎掐丝珐琅的俗称。掐丝珐琅工艺早在元代就已经传入中国，但直到明代才得以发展，在景泰年间达到顶峰，后来以此时制品为标准，称为景泰蓝。明代景泰蓝器物有看盒、花插麇台和脸盆等，此外，还有一些与人高度接近的大型花觚及鼎、尊等。清代景泰蓝在继承明代传统的基础上，又有新创造。从品种上看，有炉、瓶、薰、筒、文具和烟壶等，小到笔床和印盒，大到桌椅、床榻、屏风和屏联。与明代相比，景泰蓝的色彩更加丰富，除传统的蓝地外，还有白地和绿地等（图5-30、图5-31）。

图5-30　清景泰蓝薰炉
（图片来源：杨伯达. 中国美术全集·卷45·工艺美术编·金属玻璃珐琅器［M］. 北京：文物出版社，1988. 第207页.）

图5-31　清景泰蓝兽面纹尊
（图片来源：李久芳. 金属胎珐琅器［M］. 上海：上海科学技术出版社，2001. 第119页.）

清代出现了一种铁画，就是以铁片为材料，经剪花、锻打、焊接退火、烘漆等工序制成的一种装饰画，其图案可为山水、松鹰与花卉。这种画常以白色墙面作衬底，由于黑白实虚相对，更显清新、朴实，也更富立体感。现藏于北京故宫的金桂月挂屏边框为紫檀，边框上雕刻有夔龙纹样。屏心上是以金锤打出奇秀的山石和高耸的桂树，盛开的桂花开满枝头。空中高悬一轮明月，朵朵白云飘然而过，描绘了一派金秋美景。左上角嵌金字楷书“御制咏桂”诗一首。精美典雅，制作精良，为锤錾工艺的代表作品（图5-32）。

图5-32　清中期紫檀边嵌金桂月挂屏
（图片来源：胡德生. 明清宫廷家具大观[M]. 北京：紫禁城出版社，2006. 第378页. ）

铜镜到明清已走入末路，但仍在一定的范围内使用。清代已开始有玻璃镜在宫廷和王府中使用，最初主要依靠进口，仍是一种贵重物品，后来开始自己生产，逐渐走入寻常百姓家。

5. 珐琅器

珐琅器是清代出现的新品种，在明代景泰蓝传统的基础上进一步发展而来，到乾隆时期，珐琅工艺水平达到顶峰。清代珐琅工艺的杰出成就是引进西方珐琅技术并加以改造，采用中国传统青铜器、瓷器、漆器的器形与纹样，创造出中国独特的画珐琅与錾胎珐琅。画珐琅即铜胎画珐琅，又称烧瓷，与瓷胎画珐琅一样，是康熙时从西方引进的，两者仅胎不同，一个是铜胎，一个是瓷胎，其他都非常相似。画珐琅有两大类：一类为实用品，如杯、碗、盒、盘、炉、瓶（图5-33）、罐、香炉、鼻烟壶等；另一类为装饰类，多用于家具、钟表的镶嵌。錾胎珐琅是在金属

图5-33 清画珐琅绿地描金兽面方瓶
（图片来源：杨伯达. 中国美术全集·卷45·工艺美术编·金属玻璃珐琅器［M］. 北京：文物出版社，1988. 第196页.）

图5-34 清錾胎珐琅象
（图片来源：杨伯达. 中国美术全集·卷45·工艺美术编·金属玻璃珐琅器［M］. 北京：文物出版社，1988. 第198页.）

胎上锤打、錾刻，浮雕出纹样，然后填充珐琅药料，经焙烧、磨光、镀金而成（图5-34）。

珐琅器器形厚重端庄，纹样精致典雅，色彩含蓄秀丽，具有浓厚的民族特色。珐琅釉色也有所增加，如粉红、翠绿、黑等色，使珐琅色彩更加丰富。

6. 金银器

清代金银器工艺空前发展，其金工技术更加成熟，模铸、焊接、锤打、镂雕、鎏金、錾花、累丝、镶嵌珠玉等多种技术综合运用，尤其是出现了在金银器上点烧透明珐琅的新工艺，堪称一绝。清代金银器的产品小到金银首饰，大到佛塔供器，品种繁多，丰富多彩。宫廷用金银器更是遍及典章、祭祀、冠服、生活、鞍具、陈设和佛事等各个方面。清代金银器主要产于北京、南京、苏州、扬州和广州等地，这些地方的金银器有着悠久的历史和非凡的技艺。此时，内蒙古、西藏、新疆等地少数民族的金银器工艺也很发达（图5-35、图5-36）。

7. 灯具

清代灯具比唐、宋、元、明更为丰富，实用性和观赏性完美地结合在一起。如华丽富贵、国色天香的“牡丹灯”；状如蝉翼、绢丝似网的“料丝灯”；“冰灯”如出海鲛珠犹带水，满堂生辉，罗油生寒；“玻璃灯”似冰莹玉英；还有围绕床席的“屏灯”、筵席上的“火树”等。清代灯具有大量实物遗存，以北京故宫养心殿为例，仅天花上就悬挂宫灯20盏。清代灯具造型别致，样式华美，与室内家具、陈设相互辉映，既是照明器具，又是艺术作品，极大地丰富了室内环境的内容。清代灯具在书画中也多有表述，清绘本《金瓶梅》图册和其他小说插图中也有所描绘，真实细致，同样可以作为研究清代灯具的重要资料。清代灯具有陶瓷灯、金属灯、玻璃灯和木制烛台，其功能、形式均列历代灯具之前，其中的宫灯尤其精美，充分表明清代灯具已将中国古代灯具推至最高阶段。

到了清末，电灯开始出现在中国，最初在上海等商埠城市使用，而后宫廷，随后逐渐进入寻常人家。在徐君、杨海所著《妓女史》一书中，曾转引小说《人间地狱》第十五回对20世纪初妓院内部环境的描述：“贾大人走进去一看，那间房屋虽不甚大，但却

图5-35　清金錾花高足白玉藏文盖碗
（图片来源：杨伯达. 中国美术全集·卷45·工艺美术编·金属玻璃珐琅器[M]. 北京：文物出版社，1988. 第95页.）

图5-36　清金编钟
（图片来源：杨伯达. 中国美术全集·卷45·工艺美术编·金属玻璃珐琅器[M]. 北京：文物出版社，1988. 第92页.）

是洋式，四壁粉饰浅湖色，甚为干净。当中悬着一架铜梗三灯头的电灯，一律是磨砂大灯泡，一齐开了，照耀得如同白昼一般。壁炉上还有两盏灯没开，上首设有一张没挂帐子的半截铜床，擦得如黄金灿烂。床上被褥整齐，两个洋式长枕软松松的层叠摆着。床面前一双小小的夜壶箱，箱上又设着一盏台灯。屋子当中摆着一张可以折叠的六角小台子，台上铺了蓝丝绒台毯……台毯上面摆了银香烟盒和自来火插。顺着台子设了四把洋式椅子，靠窗口一面摆了一架大风琴，一面却设着一架三角小书橱，橱内夹七夹八的堆积了不少照片书籍。另外靠墙又设了一只茶几两把椅子，墙上除了几张风景油画以外又有不少的大大小小照片纵横挂满。”[1]电灯的出现改变了传统的照明方式，但在灯具的样式上并没有更多的创新。

1）宫灯

清代宫灯由内务府造办处统筹管理。宫灯种类繁多，内涵丰富，从画图内容看，有福字灯、双鱼灯、万寿无疆灯、普天同庆灯、天下太平灯、松鹤灯、百子灯等，均取祥瑞的题材。从造型看，有圆形、椭圆形、五角形、六角形、八角形，还有一些比较特殊的，如花篮形、葫芦形和亭台形。宫灯多以木材制骨架，骨架中安装玻璃、牛角或者裱绢纱，再在其上描绘山水、人物、花鸟、鱼虫或故事。有些宫灯，在上部加华盖，在下边加垂饰，在四周加挂吉祥杂物和流苏，更显豪华和艳丽。宫灯制作，极讲工艺，名贵宫灯常用雕漆、镶嵌等技术（图5-37）。

2）陶瓷灯

陶瓷灯广泛用于民间，最流行的是书灯，即看书、写字时所用之灯。陶瓷灯的造型多取小壶形，壶直口，有圆形顶盖，壶底处连接一个圆柱体，柱下为一个带圈足的宽边圆形盘。灯芯从壶嘴插入壶中，灯高在130mm上下。陶瓷灯形态精巧雅致，装饰优美，具有实用、美观、省油、清洁的特点。

清代的陶瓷灯造型多样，但基本构架相仿，主要由圆形碗底、灯柱

1. 徐君，杨海. 妓女史［M］. 上海：上海文艺出版社，1995. 第173-174页.

图5-37　北京故宫养心殿后殿皇帝寝宫中悬挂着典型的宫灯
（图片来源：故宫博物院. 紫禁城［M］. 北京：紫禁城出版社，1994.）

图5-38　清錾胎珐琅烛台
（图片来源：杨伯达. 中国美术全集·卷45·工艺美术编·金属玻璃珐琅器［M］. 北京：文物出版社，1988. 第202页.）

和灯台构成。近人许之衡在《引流斋说瓷》中谈及明清陶瓷灯具时指出：瓷灯有仿汉雁足者，其釉色则仿汝之类，大抵明代杂窑也。至清乾嘉贵尚五彩制，虽华腴而乏朴茂式，亦趋时不古矣。

清代白瓷工艺高超，能做成薄胎灯罩，其质地洁白光透，中含花纹，既可用于高级书灯，也可用于高级的悬灯，比玻璃罩更加耐看、更有艺术感。

3）金属灯

金属灯包括银灯、铜灯、铁灯、锡灯和铜胎镀金灯。北京故宫博物院金属灯具种类比较多，有一种明万历年间的烛台，铜胎镀金并采用了掐丝珐琅的工艺；清代还有了錾胎珐琅工艺的烛台（图5-38）。明高濂《遵生八笺》第五《燕闲清赏笺》书灯条目曰："用古铜驼灯、羊灯、龟灯、诸葛军中行灯、凤鸟灯，有圆盘灯……观青绿铜荷一片，檠架花朵坐上取古人金荷之意用，亦不俗。"清代铜灯的造型大多仿古，如驼形、羊形、龟形和凤鸟形。

图5-39　清中期紫檀龙凤双喜桌灯
（图片来源：胡德生. 明清宫廷家具大观［M］. 北京：紫禁城出版社，2006. 第391页.）

4）玻璃灯、木灯

清代玻璃已很流行，乾隆前后尤为兴盛。玻璃灯曾用于圆明园的西洋楼，一些西方传教士参与了设计和制作。

这里所说的木灯，包括置于地上的立灯，置于桌案几架上的桌灯和悬挂于庭院的挂灯。北京故宫博物院有一对紫檀龙凤双喜玻璃方形桌灯，径约195mm，高约580mm，灯顶部安装毗卢帽，透雕西洋卷草纹。灯体上沿沿盝顶形，侧沿做出回纹框，中间镶透雕西番莲花纹；下部雕回纹；边框上下镶透雕拐子纹花牙，灯体四角用四根圆形立柱连接。中间为灯箱，光素紫檀木框，镶有龙凤加双喜字图案的玻璃片。灯体下有双层底座，中间饰以方瓶式立柱，做工考究，造型美观（图5-39）。

5）落地高型灯

落地高型灯，又称灯台、戳灯、蜡台，民间称为灯杆，南方部分地区也称“满堂红”。架放在宽敞、空旷的室内空间中，不需要另外的承托类家具来增加它的高度，而装饰精美的高型灯本身也成为室内一景，烘托室内气氛。从单体造型上看，它纤细、挺拔、底座稳定，有一种向上的庄穆感，与矮型灯架那浑朴的家居风格有别，正是“灯烛辉煌，宾筵之首事也”[1]。落地高型灯有固定式和升降式两种。升降式的优点在于可调节高度便于修剪灯烛。高大的厅堂需要较高的灯架才能烘托出气氛，但是固定式过高的灯头往往会难于修剪。山西的高型落地灯的高度多为可调节型，在立架上用木楔子来调节，即便是较矮的家人也不至于被剪蜡烛所难倒（图5-40）。

1.［清］李渔. 闲情偶寄［M］. 北京：作家出版社，1995. 第243页.

图5-40　山西榆次常氏庄园室内的落地高型灯
（图片来源：刘森林. 中华陈设——传统民居室内设计［M］. 上海：上海大学出版社，2006. 第47页.）

图5-41　苏州网师园万卷堂的悬灯
（图片来源：苏州民族建筑学会，苏州园林发展股份有限公司. 苏州古典园林营造录［M］. 北京：中国建筑工业出版社，2003. 第160页.）

6）悬灯

悬灯主要用于厅堂和室外庭院、门口，样式比较多，有的与宫灯在外观上类似（图5-41）。李渔在《闲情偶寄》中曾记述厅堂中的悬灯造成的苦恼：“大约场上之灯，高悬者多，卑立者少。剔卑灯易，剔高灯难。非以人就升而升之使高，即以灯就人而降之使卑，剔一次必须升降一次，是人与灯皆不胜其劳，而座客观之亦觉代为烦苦，常有畏难不剪，而听其昏黑者。”常剪灯芯才能使灯保持光亮。李渔创制的梁间放索法，来升降悬灯以便于剪烛，“灯之内柱外幕，分而为二，外幕系定于梁间，不使上下，内柱之索上跨轮盘。欲剪灯煤，则放内柱之索，使之卑以就人，剪毕复上，自投外幕之中，是外幕高悬不移，俨然以静待动。”[1]

7）牛（羊）角灯

牛（羊）角灯是传统灯具中的一个特殊品种，造型一般为椭圆，此灯表面效果光润，灯壁薄如蝉翼，晶莹透明，尽管牛（羊）角灯看起来与玻璃灯极为相似，但它是用牛（羊）角这种特殊的材料经烧烫锤制而成，故其分量要比玻璃灯轻许多。从实用性来说，牛（羊）角灯的透

1.［清］李渔. 闲情偶寄［M］. 北京：作家出版社，1995. 第244页.

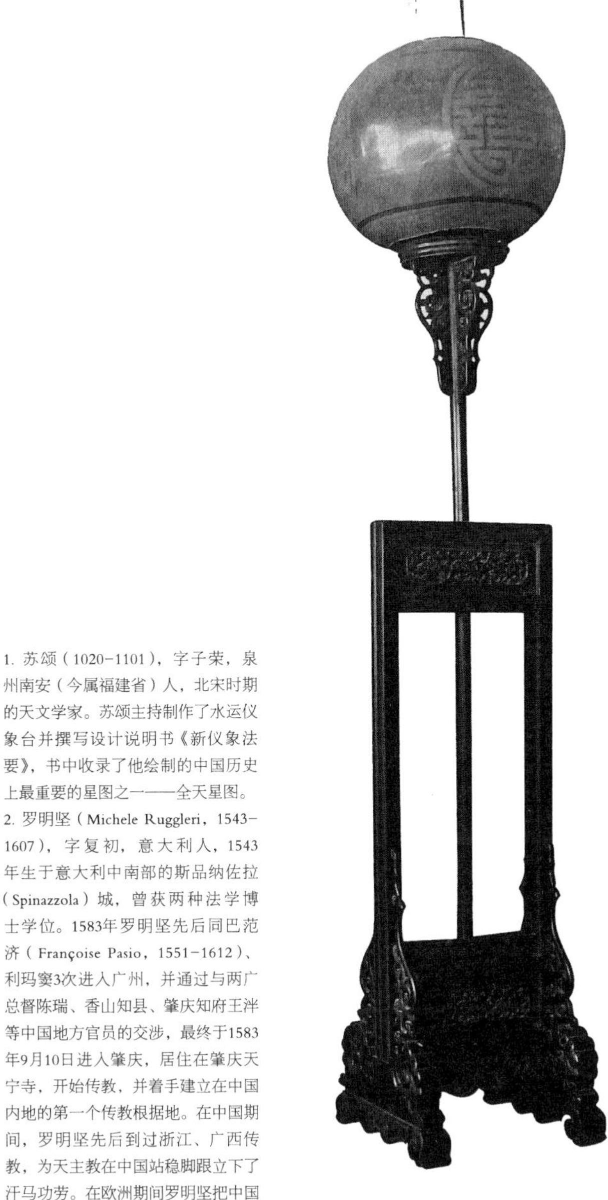

图5-42　清中期牛角座灯
（图片来源：胡德生. 明清宫廷家具大观［M］. 北京：紫禁城出版社，2006. 第392页.）

光率是除了玻璃和水晶以外最高的。牛（羊）角灯的制造工艺复杂，灯架穿以华丽的彩珠璎珞，为传统灯具中佳品，常用于厅堂或庭院中（图5-42）。

8. 钟表

我国制造机械时钟的历史悠久。北宋哲宗时期，苏颂[1]设计制造的天文仪器和计时仪器的混合体水运仪象台已经具有较完备的计时机械，技术在世界上领先。到14世纪60年代，我国的机械时钟已经脱离了天文仪器而独立存在，但是没能出现现代意义上的钟表，最终机械钟表还是从西方引进，而后在宫廷和广州进行本土化生产，主要供皇室和达官显贵使用。钟表出现在13世纪中叶的欧洲，1270年左右在意大利的北部出现了早期机械式时钟，1336年第一座公共时钟被安装在米兰的一所教堂内。在接下来的半个世纪里，时钟传至欧洲各国，随着人们要求的提高，钟表的体积逐渐变小，进入寻常百姓家。最早把西洋钟表带到中国来的是西洋传教士，他们为了达到来中国传教的目的，利用钟表这类在中国人眼中奇妙无比的西洋物品来获取中国高官的欢心。意大利传教士罗明坚[2]就是其中特别有代表性的一位，他在1580年写给耶稣会总部的信中这样说道："希望教皇赐赠的物品中最紧要的是装饰

1. 苏颂（1020-1101），字子荣，泉州南安（今属福建省）人，北宋时期的天文学家。苏颂主持制作了水运仪象台并撰写设计说明书《新仪象法要》，书中收录了他绘制的中国历史上最重要的星图之一——全天星图。

2. 罗明坚（Michele Ruggleri，1543-1607），字复初，意大利人，1543年生于意大利中南部的斯品纳佐拉（Spinazzola）城，曾获两种法学博士学位。1583年罗明坚先后同巴范济（Françoise Pasio，1551-1612）、利玛窦3次进入广州，并通过与两广总督陈瑞、香山知县、肇庆知府王泮等中国地方官员的交涉，最终于1583年9月10日进入肇庆，居住在肇庆天宁寺，开始传教，并着手建立在中国内地的第一个传教根据地。在中国期间，罗明坚先后到过浙江、广西传教，为天主教在中国站稳脚跟立下了汗马功劳。在欧洲期间罗明坚把中国典籍《四书》中《大学》的部分内容译成拉丁文在罗马公开发表，第一次在西方出版了详细的中国地图集——《中国地图集》。

精美的大时钟。那种可以报时，音响洪亮，摆放在宫廷中需要一架。此外还需要另一种，我从罗马起程那年，奥尔希尼枢密卿呈现教皇的那种可套在环里，放在掌中的，也可以报时打刻的小钟，或类似的亦可。”[1]

随着传教士活动的深入，钟表逐渐进入宫廷。明代，自鸣钟凤毛麟角，极为少见。到了清代，发生了根本改观，一是进口的数量大增，二是宫廷开始仿制。康熙年间宫中设立制作钟表的作坊，一批西洋传教士供职其间，亲自制作或指导工匠制作钟表。同时，广州的钟表业逐渐兴起，除了供奉朝廷外，钟表开始在民间少量流传。清代历代皇帝几乎都有吟诵自鸣钟表的诗句，乾隆在《咏自鸣钟》中颂道："奇珍来海舶，精致胜宫莲。水火明非籍，秒分暗自迁。天工诚巧夺，时次以音传。钟指弗差舛，转推互转旋。晨昏象能示，盈缩度宁愆。抱箭金徒愧，挚壶铜史指。钟鸣别体备，乐律异方宣。欲得寂无事，须教莫上弦。”[2]

清代宫廷中，钟表的陈设到雍正年间已经相当普遍，举凡重要宫殿皆有钟表用以计时。内务府档案中提到陈设钟表的宫殿有：宫中的交泰殿、养心殿、承华堂等；畅春园的严霜楼；圆明园的蓬莱洲、四宜堂、勤政殿、九洲清晏、西峰秀色等。乾隆时期中国的钟表制作达到鼎盛，几乎每处宫殿都有钟表陈设。据清宫《陈设档》记载，仅宁寿宫东暖阁陈设的钟表就有“穿堂地下设洋铜水法座钟一架，洋铜腰圆架子表一对；楼下西南床上设洋铜架子表一对；西面床上设铜水法大表一件，铜镶珠口表一件；夹道地下设洋铜嵌表鸟笼一件，罩里外挂洋铜镶表挂瓶一对；窗台上设洋铜架嵌玻璃小座表一对”[3]，竟有16件之多（图5-43、图5-44）。

钟表在清代十分贵重，仍是一种非常奢侈的物品，只为少数人所拥有。除了宫廷外，权臣和富商们的家中也开始使用钟表。这可以从清代封疆大吏、富商巨贾被查抄的巨额资产清单中可见一斑。“内务府谨奏：为遵旨查赵昌家产事。康熙六十一年十二月初二日奉上谕……现有银三千一百九十两……大小钟表六，玻璃镜大小十三，各种玻璃小物件一百九十三，各种西洋物品一百六十八种，大小千里眼……拟将其中现

1.［日］平川弘著. 利玛窦传［M］. 刘安伟，徐一平译. 北京：光明日报出版社，1999. 第43页.
2.《清高宗御制诗三集》卷89.
3. 转引自：故宫博物院. 故宫钟表［M］. 北京：紫禁城出版社，2008. 第20页.

图5-43 清铜镀金珐琅转花鹿驮钟
（图片来源：故宫博物院. 故宫钟表［M］. 北京：紫禁城出版社，2008. 第77页.）

图5-44 陈设在北京故宫太极殿西稍间的钟表
（图片来源：故宫博物院. 明清宫廷家具［M］. 北京：紫禁城出版社，2008. 第349页.）

有之银、钱交库……将钟表交自鸣钟修造处，将玻璃器皿等物交烧玻璃处……此外，其他物品、西洋药、小物件等，或交各该处另记，或皆交商人作价，然后交库之处，请旨。”[1] 据档案记载，和珅在热河的寓所中就有洋人指表1件、座表1对、挂钟1对、座钟4座，在北京的府邸中据说有钟表数百件之多。

清代的钟表大多设计独特，造型别致，制作精良，常常集铸造、雕刻、镶嵌等多种工艺于一身，水平极高。除了审美方面的功能外，还具有一定的机械科技价值和社会文化价值。

9. 文具

书房是中国传统文人修身养性、求学问道的场所，也是文人士大夫意念和理想寄托的所在。书房历来是文人居室中最具特色，也是为文人士大夫所独有、显示他们身份和地位的空间。书房中除了书架、书桌、画案等必要的家具外，还有诸如笔、墨、纸、砚、笔架、笔筒、笔洗、

1. 中国第一历史档案馆. 雍正朝满文朱批奏折全译［M］. 合肥：安徽书社，1998.

印泥盒、镇纸、文具盒等各种文具。所有这些都是文人士大夫基于文人文化所具有的身份的重要象征和符号。这样文人风格的书房模式，可能透过诸如小说、戏剧等大众传播媒介，逐渐进入社会各阶层的认知世界和日常生活中，成为其他任何人效法与模仿的对象。只要财力允许，人人都可以效仿文人士大夫建构居室，购置家具和器物。

高级妓院妓女所居之处也有古雅大方的小书房。如《喻世明言》第12卷《众名姬春风吊柳七》描写柳七赴任浙江，途经江州，访得该地名妓谢玉英住处，玉英迎接了，见柳七人物文雅，便邀请他到自己的小小书房。柳七举目四顾，书房中摆设得相当精致、得体，与文人的相比有过之而无不及："明窗净几，竹榻茶垆。床间挂一张名琴，壁上悬一幅古画。香风不散，宝炉中常爇沉檀；清风逼人，花瓶内频添新水。万卷图书供玩览，一枰棋局佐欢娱。"[1]

拥有书房的人，不仅仅是文人、士大夫与名妓，甚至是小小的皂快衙役都有书房，这也是范濂在《云间据目钞》中所抱怨的事："尤可怪者，如皂快偶得居止，即整一小憩，以木板铺装，庭畜盆鱼杂卉，内列细棹拂尘，号称书房，竟不知皂快所读何书也。"[2]

由于人们对文化的崇尚和文具本身所蕴含的文化意义，象征着文人身份的文具在清代成为一种时尚的陈设品（图5-45）。文具的生产制作成为一种行业，譬如笔墨纸砚的制作，甚至成为一种地方象征，笔墨纸砚的生产出现了"湖笔、徽墨、宣纸、歙砚"的称誉。

图5-45　杭州胡庆余堂书房的陈设
（图片来源：刘森林. 中华陈设——传统民居室内设计. 上海：上海大学出版社，2006. 第45页.）

1.［明］冯梦龙. 喻世明言［M］. 海口：海南国际新闻出版中心，1994. 第62页.
2.［明］范濂. 云间据目钞［M］. 第36页.

5.2 陈设格局

清代室内家具和陈设品的配置往往根据空间功能和氛围的不同有一些固定的搭配，即有一定的选配定式，从而形成一些固定的陈设格局。

清代时期的室内陈设在布局上大致有两种形式：一是对称式（图5-46），常常用于比较庄重的场所，如宫殿、寺庙、祠堂及住宅的厅堂等；二是非对称式，常常用于民间以及虽为宫廷、府邸但又相对自由的场所，如燕寝场所、书房及庭园的某些休闲性建筑。宫廷中殿堂、皇帝和后妃寝宫的明间，几乎毫无例外地采用对称式格局，目的是突出“皇权至上”“为我尊贵”的主题，营造庄严、稳重、肃穆的氛围。一般做法是宝座之后设一较大的座屏，两边陈设香几、宫扇、香筒、蜡钎、仙鹤等器物。

图5-46　苏州藕园载酒堂中完全对称的陈设
（图片来源：罗哲文，陈从周. 苏州古典园林. 苏州：古吴轩出版社，1999. 第261页.）

官邸、王府的明间以及民居的堂屋也常用中轴对称的格局，还广泛运用方整、规爽直线的造型，并以尺度、色彩、装饰繁简等表现主次和秩序，体现“中正无邪，礼之质也”的传统观念，用来正父子、笃兄弟、明长幼贵贱、严内外男女。这些充分表明陈设均受道家、儒家礼制和传统伦理观念的影响，为极强的理性所支配。

相对而言，卧室、书房、闺房的陈设要自由一些。至于普通百姓家庭，由于经济方面的原因，所受限制就更少。

在陈设的设计上，除了对各个单体陈设要素的关注外，还十分重视整个室内环境系统中各个层面和要素之间的协调和统一。家具、字画、器物等要与室内环境的氛围和意境相匹配。例如，供清赏观玩的文玩清供要与承载其的家具相协调，陈设品之间也讲究“浓淡相宜”“纵横得当”，不仅物与物之间，物与人之间也要匹配，气质相符。从另一种意义上讲，这就是陈设艺术设计中个性的追求。

以清代书房室内环境的陈设为例，书房中常用的家具有书架、书橱、博古架、书桌、案、椅、凳、几、榻等，此外还有其他陈设物品，包括书、琴、文房四宝等文具以及古董与书画，所有这些都是士大夫与文人基于文人文化所具有的身份的重要象征和符号，也就是所谓“县官休沐之处，故而恁般齐整”的原因（图5-47）。《续金瓶梅》第二十回描述道：“玉卿坐在前厅上，之间两壁排的俱是香楠木桌椅，当面铁梨木天然几，可间的二丈余长，上设汉铜大花，插一枝半开的老梅，护瓶口又一枝宝珠大红茶花，傍倚着个周纹饕餮古鼎，足有六寸余高，香烟缕缕不绝。玉卿坐了一会……又抖抖衣服，进入几层门户，弯转回廊，俱是一片松竹，太湖石边，腊梅盛开，又有两树红梅相映。进的五间书房来，师师还在绣阁未出，那得就见！玉卿坐在中间一个倭漆大理石小椅儿上，未见佳人，先看陈设，但见：正南设大理石屏二架，天然山水云烟；居中悬御笔白鹰一轴，上印着玉章宝玺；左壁挂东坡大字，题文与可墨竹淋漓；右壁挂米颠淡皴，仿赵大年远山苍老。但见牙床雕镂龙

图5-47　苏州艺圃南书房
（图片来源：罗哲文，陈从周. 苏州古典园林［M］. 苏州：古吴轩出版社，1999. 第240页.）

凤，悬挂着锦帐流苏，尽是内宫陈设；香榻高铺文绮，平垫着隐囊绣簟，无非御院风流。瑶签玉轴，多藏着道笈仙函；端砚纹琴，俱列在朱几素案。又有那床上盆松，三寸高枝能向画图作干；笼中鹦鹉，一声巧语忽传客到呼茶。紫箫斜挂玉屏风，香缕细焚金鸭鼎。"[1] 作者丁耀亢虽讲的是宋代故事，但这无疑是清代书房室内陈设的真实写照。

清代在府邸的厅堂家具陈设中，形成了一些固定的搭配和程式化的做法。厅堂陈设一般或多或少地存在一种主副格局，位于轴线上居中部位的匾额、中堂、楹联、瓶镜、条案、桌椅等构成具有正统礼仪的意蕴和形式，两侧靠墙沿窗部位的椅凳、桌几、挂屏、书画等搭配则充盈着亲切宜人的气息。厅堂中多以后檐墙或后金柱之间的木板墙为背景安置条案或架几条案，几案之上必置放瓷瓶；案前设方桌和一对太师椅；墙面上悬挂中堂和楹联（图5-48）。有的宅第厅堂用屏刻或隔扇代替中堂。

1. 转引自：徐君，杨海. 妓女史［M］. 上海：上海文艺出版社，1995. 第172页.

图5-48　苏州退思园退思草堂
（图片来源：罗哲文，陈从周. 苏州古典园林［M］. 苏州：古吴轩出版社，1999. 第275页.）

图5-49　杭州胡庆余堂鸳鸯厅南次间
（图片来源：张建庭. 胡雪岩故居［M］. 北京：文物出版社，2003. 第68页.）

5.3 陈设艺术设计与室内装修

清代的室内环境营造发展到乾隆时期，进入清式风格的成熟阶段，形成了鲜明的时代特色。以家具为主体的室内陈设艺术品历来是中国传统建筑室内环境的重要组成部分，发展到清代，陈设逐渐成为室内空间环境营造的主角，在塑造室内环境性格方面往往起到决定性的作用，尤其是在住宅的室内环境中。清代室内环境营造中陈设品的设计、选择和搭配通常与装修形式统一考虑，整体配套设计，共同形成一个艺术综合体。在营造的过程中，对于室内装修、家具、陈设品的材料、纹样、装饰、颜色等有统一全面的考虑，而且从设计到制作都有一定的创新和提升，较之过去一味地按程式化的规定依等级高低制作，艺术审美的效果及水平要高得多（图5-49）。

家具不同于其他类型的陈设艺术品，较大体量和组合使用的方式使它在清代室内环境氛围的塑造中起到至关重要的作用，在室内空间环境营造中具有不可替代的地位，因此清代家具的设计不再仅仅是单件器物的设计，而是寻求在室内空间环境中与装修的整体配套，讲究与室内空间的搭配和组合。

5.4 陈设艺术的特征

明代和清代的陈设风格有共同点，也有很多不同之处。明代的室内陈设，不论宫殿还是第宅，都比较疏朗开阔，大方雅致。例如湍本宫："左七间，即寝宫，内有二雕床，余皆空。"又如住宅的室内环境中有室内"几榻俱不宜多置"、卧室"榻前仅置一小几，不设一物……室中精洁雅素"的要求。文震亨在论及居室陈设的审美性时，他认为："小室内几榻俱不宜多置，但取古制狭边书几一，置于中，上设笔砚、香盒、熏炉之属，俱小而雅。别设石小几一，以置茗瓯茶具；小榻一，以供偃卧趺坐，不必挂画；或置古奇石，或以小佛橱供鎏金小佛于上，亦可。"[1]"位置之法，繁简不同，寒暑各异，高堂广榭，曲房奥室，各有所宜，即如图书鼎彝之属，亦须安设得所，方如图画。云林清秘，高梧古石中，仅一几一榻，令人想见其风致，真令神骨俱冷。故韵士所居，入门便有一种高雅绝俗之趣。"[2]可见明代的居室陈设不求器物的豪华奢侈，但求氛围的雅致简洁，清新而自然，高贵而古朴。再以清代的情况来比较，从乾清宫正殿、东暖阁、储秀宫前殿和寝宫到园囿、寺观的陈设，都显示出陈设拥挤的状况，固定位置的陈设也相对多起来。官式建筑的室内陈设，凡属对外的部分都追求庄重的氛围，而内部使用的空间陈设都相对随意和舒适，皇宫建筑也不例外，其他官式建筑更是如此，譬如清代衙署大堂的陈设，从清代光绪年间出版的《点石斋画报》中可以看到，抚、提、镇、州、县等，大小衙门的大堂陈设和明代没什么两样（图5-50），至于衙署的内宅部分则和一般第宅基本上相同。

1.［明］文震亨. 长物志图说［M］. 海军，田君注释. 济南：山东画报出版社，2004. 第421页.
2.［明］文震亨. 长物志图说［M］. 海军，田君注释. 济南：山东画报出版社，2004. 第411页.

5.4.1 求体宜

"体宜"所包含的内容应是多方面的，至少可以从以下三个方面来

图5-50　执法如山（《点石斋画报》插图）
（图片来源：陈平原，夏晓红. 图像晚清［M］. 天津：百花文艺出版社，2006. 第117页.）

理解。

首先，“体宜”是在陈设上应该适合建筑本身的形制和规模，合乎使用者的要求。

清李渔说：“人之不能无屋，犹体之不能无衣。衣贵夏凉冬燠，房舍亦然。堂高数仞，榱题数尺，壮则壮亦，然宜于夏而不宜于冬。登贵人之堂，令人不寒而栗，虽势使之然，亦寥廓有以致之；我有重裘，而彼难挟纩故也。及肩之墙，容膝之屋，俭则俭矣，然适于主而不适于宾。造寒士之庐，使人无忧而叹，虽气感之乎，亦境地有以迫之；此耐萧疏，而彼憎岑寂故也。吾愿显者之居，勿太高广。夫房舍与人，欲其相称。”[1] 李渔虽然论述的是民居建筑的室内环境营造，但对官式建筑同样

1.［清］李渔. 闲情偶寄［M］. 北京：作家出版社，1995. 第166页.

适用。官式建筑的室内陈设首先要符合规制和礼制，同时为获取庄重、威严、肃穆的氛围，一般都采用对称的陈设手法。例如，在清代的皇宫、园林、别墅的各正殿明间，都有一组独特的陈设。以宝座为中心，后有屏风围护，左右各陈甪端、香筒等，采取的都是对称布局手法，名曰“宝座间”，即皇帝的御座。由于后面屏风挡住了人们的视线，因而突出了屏风前家具的环境和气氛，增加了庄重感。故宫太和殿中宝座陈设当属官式建筑陈设中最为典型的代表。同样是在宫中，后宫的室内陈设尽管也追求对称，但还是要相对随意一些。长春宫东次间中，木炕后墙设炕屏，正中放炕桌，桌上陈设着白玉荷花洗。在炕头炕尾各放一张红色雕漆炕柜。炕桌两侧设坐褥隐枕，可供主客侧坐倚靠（图5-51）。

其次，在陈设艺术上量力而行和量体裁衣。人之为事，贵在量力而行，量体裁衣，房屋的营造、装修和陈设更是如此。无论达官显贵，还是庶民百姓，都根据自己的物力和财力，以及对住宅物质功能和社会功

图5-51　北京故宫长春宫东次间
（图片来源：故宫博物院. 紫禁城［M］. 北京：紫禁城出版社，1994.）

能的需要，选择适合自己使用和符合自己身份的宅邸或居所厅室的陈设艺术。

再者，“体宜”也应该是清代建筑室内陈设设计所遵循的基本目标和尺度之一，其本质应该说是创造性的。李渔说：“厅壁不宜太素，亦忌太华，名人尺幅自不可少，但须浓淡得宜，错综有致。”[1]“安器置物者，务在纵横得当。”[2]可以把李渔室内装饰和布置的理想，概括为“空灵”二字，具体表现为“宁古无时，宁朴无巧，宁俭无俗”。要置放适宜，富于变化，淡雅素洁，给人平和宁静、恬美如画的感觉。当然，这一境界的到达，并非轻易，它基于气质、基于性情、基于修养、基于慧心，关键是要善“悟”（图5-52）。

清代建筑的室内环境营造和陈设品的风格上，大致分为华丽和雅洁两种。这当中，财富的多与少还在其次，关键在于主人的性情。像林黛玉的潇湘馆，很是雅致、洁净。一明两暗的屋里，合着地步打就的床几

图5-52 广州陈氏书院的书房
（图片来源：刘森林. 中华陈设——传统民居室内设计［M］. 上海：上海大学出版社，2006. 第69页.）

1.［清］李渔. 闲情偶寄［M］. 北京：作家出版社，1995. 第199页.
2.［清］李渔. 闲情偶寄［M］. 北京：作家出版社，1995. 第249页.

倚案，窗前案上设着笔砚，架上摆满了书籍，也有钟、鼎、琴、棋，却不事雕饰，朴素自然，落落大方。

5.4.2 达实用

“达实用”主要是针对民居而言。清李渔把注重功能、突出实用放在设计的第一位，他在《闲情偶寄》中说：“土木之事，最忌奢靡。匪特庶民之家当崇俭朴，即王公大人亦当以此为尚。盖居室之制，贵精不贵丽，贵新奇大雅，不贵纤巧烂漫。凡人止好富丽者，非好富丽，因其不能创异标新，舍富丽无所见长，只得以此塞责。”[1] 清代民居的室内环境营造，除达官显贵的宅邸追求华丽之外，整体上延续了明代主张实用性和合理性的理念，设计的构思因地制宜，随曲合方，不拘定式，这样才能自然雅称，得体合宜。明计成对于设计的不拘定式、不袭定法、随曲合方、随宜合用是极为强调的。

李笠翁在这方面具有卓见，他强调“居室之制，贵精不贵丽，贵新奇大雅，不贵纤巧烂漫”，应该讲究从标新立异当中寻找情趣和品位。“居宅无论精粗，总以能避风雨为贵。常有画栋雕梁，琼楼玉宇，而止可娱睛，不堪坐雨者，非失之太敞，则病于过峻。故柱不宜长，长为招雨之媒；窗不易多，多为匿风之薮；务使虚实相半，长短得宜。”[2]“达实用”是清代普通大众所居之所在室内环境营造上的追求。

“达实用”的着眼点是人在实际生活中发生的行为与内容，是居室环境营造的基本尺度，从为人而设计的考虑，具有共性的特征，但这并不是放弃对个性的喜好和追求。共性的东西是人们普遍能够接受的，不受贫富贵贱的制约，如李渔所言，“人无贵贱，家无贫富，饮食器皿皆所必需。”[3] 在实用功能的需求上无论贵贱都是相同的，只是在用物的品质和方式上有精与粗、华与朴之异，宜与不宜、高雅与粗俗之分，但无贵贱之别。“达实用”的个性追求因设计使用对象不同的审美趣味和品位会表现得截然不同（图5-53）。

1.［清］李渔．闲情偶寄［M］．北京：作家出版社，1995．第168页．
2.［清］李渔．闲情偶寄［M］．北京：作家出版社，1995．第170页．
3.［清］李渔．闲情偶寄［M］．北京：作家出版社，1995．第220页．

图5-53　苏州留园五峰馆北部内景
（图片来源：罗哲文，陈从周．苏州古典园林［M］．苏州：古吴轩出版社，1999．第98页．）

图5-54　北京故宫养心殿三希堂
（图片来源：于倬云．故宫建筑图典［M］．北京：紫禁城出版社，2007．第93页．）

5.4.3 贵活变

清代民居的室内环境营造反对盲目地遵守旧有规制，主张室内环境与人的气质等个人特点相适应，表现出对人的情感、非理性方面的理解与满足，把个人的生活态度、人生理想融于室内环境的营造中，彰显个性气质，尤其是文人士大夫们更是把实际需求与主体精神的历练统合到室内环境中，从而借物抒怀，注重情景交融的意境创造。因此，在住宅的室内陈设物品的置放中追求多变的手法，以满足灵动的需求。

对称，是清代建筑的首要特点，室内装修形式的经营和陈设品的布置也强调这一点。“贵活变”[1]一语出自李渔的《闲情偶寄》，他在充分肯定对称的正面作用的同时，又提出在室内环境营造中要尽量避免机械的对称，应在高低错落、虚实有致、均衡匀称中相互照应，以显得自然，同时要与整个室内情调相协调，保持整体上的一致，使之具有整体感和和谐感（图5-54）。

李渔在《闲情偶寄》“器玩部”的“位置第二”一篇中说：“‘胪列古玩，切忌排偶。’”[2]“但排偶之中，亦有分别。有似排非排，非偶是偶；

1.［清］李渔．闲情偶寄［M］．北京：作家出版社，1995．第250页．
2.［清］李渔．闲情偶寄［M］．北京：作家出版社，1995．第249页．

又有排偶其名，而不排偶其实者。皆当疏明其说，以备讲求。”[1]“所忌乎排偶者，谓其有意使然，如左置一物，右无一物以配之，必求一色相俱同者与之相并，是则非偶而是偶，所当急忌者矣。”[2]

李渔深知陈旧与新鲜感对人们视觉心理上造成的各种影响，他强调对器物的位置经营刻意求新、求变，通过局部的改变或调整，如变换器物放置的高低、位置的远近，以及不同的组合方式，使室内环境永远保持一定的新鲜感和陌生感。正如李渔概括的：“当行之法，则与时变化，就地权宜，视形体为纵横曲直，非可预设规模者。”[3]即在整体统一的前提下，使装饰和陈设品的疏密、高低、起伏、华素、浓淡、精粗、色质都具有良好的互衬关系。

即使是同一间房屋，以彼处门窗挪入此处，便觉耳目一新，就像迁入另一间房舍之中。从家具和陈设的移动和组合摆放中寻求乐趣，其目的无非是将身边和眼前的环境摆布得更富有情趣，乐此者不觉其疲。

清代建筑室内装修和器物的陈设除了把握其个性外，总的来说是要从室内环境系统整体性出发，在统一中求变化，即运用多样统一的形式规律，强化室内装修和陈设艺术的审美价值，使室内获得优美的艺术形象和独特的空间品质。

1.［清］李渔．闲情偶寄［M］．北京：作家出版社，1995．第249页．
2.［清］李渔．闲情偶寄［M］．北京：作家出版社，1995．第250页．
3.［清］李渔．闲情偶寄［M］．北京：作家出版社，1995．第250页．

第 6 章

延续与变异
——清代的家具艺术

6.1 明式家具的延续和变异

明代和清代前期是中国传统家具发展的高潮期。文化的发展和变迁都有滞后于时代的现象，因此用来表述风格的概念“明式家具”和“清式家具”与表述时间的概念“明代家具”和“清代家具”并没有对应上的关系。

清代前期继承了明代家具的传统，并继续发扬光大，形成了明代后期至清前期的明式家具完整的形式和结构体系（图6-1）。研究家具的人一般认为，以清代乾隆时期为分界线，之前的家具称为“明式家具”，之后的称为“清式家具”。在清式家具中，康熙、雍正、乾隆三个时期的家具代表着典型的清式风格。更确切地说，清代家具新的做法、造型、装饰在雍正时期就已经具备，至乾隆年间达到高峰，以后水平逐渐下降。

图6-1　清初黄花梨亮格柜
（图片来源：胡德生. 明清宫廷家具大观［M］. 北京：紫禁城出版社，2006. 第300页.）

清式家具主要指乾隆到清末民初这一时期的家具。清式家具承袭和发展了明式家具的成就，但变化最大的是宫廷家具，而非民间家具。从乾隆开始形成的家具风格统称为“清式家具”。尽管清式家具是从明式家具中发展演化而来的，但在艺术造型上它们之间的差异非常大。清式家具以豪华繁缛为主要特征，充分发挥了雕刻、镶嵌、描绘等工艺，同时吸纳了来自西方国家家具的一些形式特征和加工工艺，在家具的外在形式上大胆创新，创造了花样多变的华丽家具样式，让人耳目一新（图6-2）。

图6-2　清紫檀嵌珐琅云龙纹博古格
（图片来源：胡德生. 明清宫廷家具大观［M］. 北京：紫禁城出版社，2006. 第323页.）

乾隆时期，吸收了西洋家具的纹样及装饰特点，并形成了清代所特有的满雕部件，并且大量用于高档家具的表面装饰上，形成了清代家具

图6-3　清紫檀条案
（图片来源：作者自摄）

厚重、饱满、追求烦琐、华丽的贵气与奢华之气，与明式家具的清丽、素雅、纤巧、脱俗之气大相径庭（图6-3）。清晚期，随着国力的衰微，家具的形式和格调也日渐衰落，但民间家具依然有其勃勃兴旺的生机，能够沿袭世代的传统，形式比较稳定，变化不大。民间家具虽大多名不见经传，但也不乏优秀经典之作。

清式家具就使用的木材品种而言，有紫檀、红木、花梨、楠木、乌木、榉木等。

清代宫廷家具主要有三处重要的产地，即北京、苏州和广州，每一地生产和制作的家具逐渐具有了各自的地方特点，形成了独特风格，因此被称为清代家具的“三大名作”，分别被称为京式、苏式和广式。京式和苏式家具较多地保留了中国家具的传统形式，广式家具因受西方文化的影响较大，趋向于“西化”，形成了独树一帜的风格特征。

6.1.1 京式家具

京式家具一般以宫廷造办处所设计制作的家具为代表，风格介于广式家具与苏式家具之间，用料较广式要小，较苏式要实。京式家具与苏式家具在外形上比较相近，用料上也趋于相仿，但不用杂料，也不用包镶工艺。从家具的装饰纹样上看，与同时期其他地区的家具有较大的区别，独具地域特色和风格。在家具上雕刻古代青铜器花纹早在明代就已经出现，明代多雕刻夔龙、螭虎龙，而清代则是夔龙、夔凤、拐子纹、蟠纹、夔纹、兽面纹、雷纹、蝉纹、勾卷纹等无所不有。工匠们根据不同造型的家具施以各种形态各异的纹饰，塑造出一种古色古香、富丽堂皇的艺术形象（图6-4）。

京式家具因和统治阶级的生活起居及皇室的特殊要求有关，在其风格、造型上首先给人一种沉重宽大、华丽豪华及庄重威严的感觉。因为追求体态，家具在用料上要求很高。京式家具以紫檀为主，其次是红木、花梨等。

自清中期以来，京式家具重紫檀、红木而轻黄花梨，以致许多黄花梨家具都被染成深色。来自全国的能工巧匠汇集于都城，再加上文人士大夫积极参与设计，京式家具的设计和制作极具创新和发展，独树一帜，影响极大，在一定程度上改变了整个清式家具的面貌。

图6-4　清紫檀雕云龙纹书橱
（图片来源：胡德生. 明清宫廷家具大观［M］. 北京：紫禁城出版社，2006. 第312页.）

6.1.2 苏式家具

苏式家具是指以苏州为中心的长江下游地区生产的家具。苏式家具形成较早，闻名中外的明式家具即以苏式家具为主。苏式家具以清秀俊美著称，比广式家具用料省，为节省名贵木材，常常杂用木料或采用包镶[1]的工艺做法。在装饰上也采用镶嵌或雕刻，题材多为名画、山水、花鸟、传说、神话和具有祥瑞含义的纹样等（图6-5）。

图6-5　苏州网师园集虚斋中典型的苏式家具
（图片来源：苏州民族建筑学会，苏州园林发展股份有限公司. 苏州古典园林营造录［M］. 北京：中国建筑工业出版社，2003. 第55页.）

1. 包镶是明清时期家具制作中的一种工艺技术。为了节省名贵的木料，在制作桌子、椅子、凳子、箱柜等家具时，在不破坏外表美观的前提下，常在隐藏之处掺杂其他比较廉价的硬杂木。譬如家具里面的穿带用料多为常见的硬杂木，有时还用油漆掩饰。

苏式家具在造型和纹样方面较为朴素、大方，它以造型优美、线条流畅、用料和结构合理为世人称道。进入清代后，随着社会风气的变化，苏式家具也开始向富丽、繁复及注重摆设性转变。

清代苏州制作的家具呈现出三种形式：一是依明式家具的规矩在造型和装饰上全无差异；二是大体保留明式家具结构造型，而在部分装饰上有所改变；三是在造型、装饰等方面面目全非，变化显著。

6.1.3 广式家具

广式家具是指以广州为中心生产制作的家具。明末清初，东西方文化交流频繁，西方传教士大量来华，传播先进的科学技术、文化和美学理念。广州是中国对外贸易和文化交流的重要窗口，手工艺发达，如象牙雕刻、五金、座钟、刺绣、皮料及金银首饰等行业在广州非常发达，再加上广东又是出产和进口名贵木材之地，这就为广式家具制造业的兴盛和风格的形成提供了得天独厚的条件。

图6-6　清末紫檀嵌瓷花鸟画面条柜
（图片来源：胡德生. 明清宫廷家具大观［M］. 北京：紫禁城出版社，2006. 第305页. ）

广式家具继承了中国优秀的家具传统，同时也大量吸收外来文化艺术和家具造型手法，创造了独具风貌的家具风格。广式家具在中国传统家具的基础上，大胆吸取西欧文艺复兴以后各种豪华、高雅的家具形式，创造了华丽、花样繁多的家具式样。广式家具的艺术形式从原来纯真、讲究精细简练的“线脚”、实用性较强的风格，转变为追求富丽、豪华和精致的雕饰，同时使用各种装饰材料，融合了多种工艺技术和艺术的表现手法，形成了鲜明的艺术风格和时代特征（图6-6）。

广式家具在制作时不油漆底里，直接上面漆，不上灰粉，打磨后直接揩漆，木质完全裸露。家具的卯榫驳接、纹样雕刻和刮磨修饰都达到了极高的水平。

6.1.4 其他地区的家具

除了上面三个主流的家具风格外，其他地区还有自己风格和特点的家具。

清代的扬州也是家具制作中心之一，称为“扬做”。扬州以漆木家具著称，扬州的漆器家具制作工艺精巧、华丽，工艺品种有多宝嵌、骨石镶嵌、点螺、螺钿、刻漆、雕填、彩绘等。其中多宝嵌漆器家具是我国家具工艺中别具一格的品种。扬州的螺钿器家具也久负盛名，扬州镶嵌螺钿玉石的“周制”[1]家具创始于明末，极负盛名，对清代中期、后期宫廷家具及内檐装修、陈设物品设计和制作影响甚大，主要有平面螺钿和点螺两大类。漆雕家具主要有屏风、桌、几、博古架、绣墩等。家具的造型保持了南方地区高雅、协调、明快的特点。在用材方面主要是花梨、红木。

宁波地区生产的家具即宁式家具，以彩漆家具和骨嵌家具为主。彩漆工艺就是用各种颜色漆在光素的漆地上描画纹样的做法，主要分为立体和平面两大类。彩漆家具给人以光润、鲜丽的感觉（图6-7）。

宁式家具中最著名的是骨嵌家具。在造型上，保持多孔、多枝、多节、块小而带棱角的特征，既宜于胶合，又防止脱落。骨嵌分为高嵌、平嵌、高平混合嵌，宁式家具多采用平嵌形式。骨嵌的木材底板多用红木、花梨等硬木，因其木质坚硬细密，再嵌牛骨，更显古拙、纯朴。装饰题材有民间传说、历史故事、生活风俗、名胜古迹、四时景色、花鸟静物、佛手、桃、石榴及香草等。骨嵌家具的品种很多，有床、箱、桌、椅、凳、墩、茶几、书架、橱柜、屏风等。

清代还流行竹器家具，主要场地分布于湖北、湖南、江西以及广

1.《履园丛话》，丛话十二，《周制》：“周制之法，惟扬州有之。明末有周姓者创造此法，故名‘周制’。其法以金银、宝石、珍珠、珊瑚、水晶、玛瑙、玳瑁、砗渠、青金、绿松、螺钿、象牙、蜜蜡、沉香为之，雕成山水、人物、树木、楼台、花卉、翎毛，嵌于檀、梨、漆器之上。大而屏风、桌椅、窗槅、书架，小则笔床、茶具、砚匣、书箱，五色陆离，难以形容，真古来未有之奇玩也。乾隆中，有王国琛、卢映之辈，精于此技，今映之孙葵生亦能之。”

图6-7　清初黑漆描金彩绘围屏
（图片来源：胡德生. 明清宫廷家具大观［M］. 北京：紫禁城出版社，2006. 第348页.）

东、四川、广西等地。竹器家具的材料都选用两年以上的老竹，材料阴干3～4年方能使用，制作精细，卯榫拼接要求很严密。竹器家具造型端正、古朴典雅，主要有椅、床、桌、几、屏风等。

清代后期上海开埠，后来也成为家具制作中心之一，称为“海做”。海做家具多用红木，喜用大花及浓烈的红色，有些家具受欧陆巴洛克式家具的影响。其他如福州的彩漆家具、江西的嵌竹家具、山东潍县的嵌金银家具，也名噪一时。总之，清代家具在材料、手法、工艺各方面都有巨大的进步，在“华丽、稳重”的总格调上，又创造出各种独具特色的地方风格，代表着一个时代的丰富文化内涵。

6.2 清式家具的类型

清式家具按使用功能可以大致分为椅凳、桌案、床榻、柜橱、屏风、其他几大类。

6.2.1 椅凳类

1．椅类

在清式家具中，椅子是最具变化的家具品种之一，主要分为两类，即靠背椅和扶手椅。在结构上又分为有束腰和无束腰两种形式。凡椅子没有扶手的都称为靠背椅。靠背椅由于“搭脑”（即靠背横梁）与靠背的变化，常常又有许多样式，也有不同的名称。靠背椅的靠背由一根搭脑和两侧两根连脚立材相接，靠背居中为靠背板，组成靠背椅的基本形式。搭脑两端不出头的椅子叫“一统碑椅”，搭脑两端挑出的椅子叫“灯挂椅”。一统碑椅体形较官帽椅略小，椅背上横梁两头与官帽椅的形式相似。清代不同地区用何种款式的靠背椅是有些区别的，如广东以一统碑式居多，而苏州地区则以灯挂椅居多。

椅子有宝座、交椅、圈椅、官帽椅、玫瑰式椅、靠背椅、背靠、太师椅等（图6-8、图6-9）。清代，太师椅成为椅子中单独的一种类型。

2．凳类

清代的凳子基本分为有束腰和无束腰两类。与明式凳子相比，清式凳子不但在装饰方面加大了装饰程度，在形式上也变化多端，如罗锅枨

图6-8　清中期紫檀嵌牙花卉宝座
（图片来源：故宫博物院．明清宫廷家具［M］．北京：紫禁城出版社，2008．第68页．）

图6-9　清中期罩金漆雕云龙纹交椅
（图片来源：故宫博物院．明清宫廷家具［M］．北京：紫禁城出版社，2008．第79页．）

图6-10　清中期紫檀雕灵芝纹方杌（图片来源：故宫博物院. 明清宫廷家具［M］. 北京：紫禁城出版社，2008. 第109页.）

图6-11　清中期紫檀嵌珐琅绣墩（图片来源：故宫博物院. 明清宫廷家具［M］. 北京：紫禁城出版社，2008. 第121页.）

加矮老做法、十字枨代替传统的踏脚枨做法等。腿部有直腿、曲腿、三弯腿；足部有内翻或外翻马蹄、虎头足、羊蹄足、回纹足、透雕拐子头足等。腿足有圆有方，有素式不加任何装饰，也有雕饰华丽的。

凳子又可分为不同种类，如杌凳、坐墩、交杌、长条凳、马扎、方杌、圆杌、花式杌、脚踏、绣墩等。杌凳是北方的叫法，南方则称为圆凳、方凳。凳子的构造比较简便，在用料方面有用贵重的紫檀、花梨和一些纹饰漂亮的硬木，也有用草、藤、杂木、瓷制作的坐墩，更有加填漆、嵌螺钿精雕细刻的方凳、圆凳、春凳等贵重凳具（图6-10、图6-11）。

凳子面心有许多花样，有各式硬木心，有木框漆心，有镶嵌彩石的，有影木心的，有嵌大理石的，还有藤制面心的等，不拘一格，丰富多彩。

6.2.2 桌案类

桌案类包括桌子、案、几。桌案在中国家具中占有很重要的地位，不但品种多，形式各异，并且对人们生活习惯的改变产生过相当深刻的影响。

1. 桌

桌有方桌、圆桌、半圆桌、长桌、八仙桌、炕桌、琴桌、棋牌桌等，种类繁多。清代桌子不但品种多，装饰美观，随着制作经验的丰富和工艺水平的提高，结构也更加成熟。基本分为有束腰和无束腰两类，造型有方形、圆形、长方形和一些特殊形状（图6-12）。

图6-12 清中期彩漆描金圆转桌
（图片来源：故宫博物院. 明清宫廷家具［M］. 北京：紫禁城出版社，2008. 第136页.）

2. 案

案是一种形似桌子的家具，只是腿足制作位置不同，通常把四腿在四角的称“桌”，而把四腿缩进一些的称“案”。案的种类很多，根据用途，分为书案、画案、经案、食案、奏案及香案等，根据造型分为条案、翘头案、平头案等，根据制作材料分为陶案、铜案、漆案及木案等。从案的用途分析，表明案和桌在使用功能上有着极为密切的关系（图6-13）。

图6-13 清中期紫檀雕灵芝纹卷书式画案
（图片来源：故宫博物院. 明清宫廷家具［M］. 北京：紫禁城出版社，2008. 第204页.）

3. 几类

几类家具分为香几、茶几、蝶几、炕几（图6-14）。香几是为供奉或祭祀时置炉焚香用的一种几，也可陈设花瓶或花盆。茶几以方形或长方形居多，高度与扶手椅的扶手相当。蝶几又名“奇巧桌”或“七巧桌”，是根据七巧板的形状而做的，多由七件组成。

图6-14 清中期黑漆描金山水楼阁图炕几
（图片来源：故宫博物院. 明清宫廷家具［M］. 北京：紫禁城出版社，2008. 第192页.）

6.2.3 床榻类

清式床榻结构基本承接明制，但是腿足和纹饰上有很大变化，有些架子床顶上加装有雕饰的飘檐。清代时的风气追求豪华，注重装饰，床榻类大型家具制作更是力求繁缛多致，不惜耗费工时。纹饰常以寓意吉祥图案为主，与明式床榻简明的结构和装饰形成鲜明的对比。功用方面也有些变化，有些架子床在床面下还增加抽屉，以便存放衣物，充分利用床下的空间。在用料方面也比明代粗壮，形体高大，给人以恢宏壮观、威严华丽的感觉。工艺方面也比较复杂，将多种材料、各种手段巧妙地运用于制作中，形成清式床榻的独特风格。

床有架子床、拔步床、罗汉床三种类型。

1. 架子床

架子床因床上有顶架而得名（图6-15）。一般四角安立柱，床面两侧和后面装有围栏。上端四面装横楣板，顶上有盖，俗名“承尘”。围栏常用小木块作榫拼接成各式几何纹样。有的在正面床沿上多安两根立柱，两边各装方形栏板一块，名曰“门围子”，类似花罩的样式，正中是上床的门户。也有的在正面两根床柱之间装设几腿罩。做工讲究的更是把正面的栏板用小木块拼成各种纹样，如四合如意等，中夹十字，组成大面积的棂子板，中间留出椭圆形的月洞门，两边和后面以及上架横楣也用同样方法做成。床屉分两层，用棕绳和藤皮编织而成，下层为棕屉，上层为席，棕屉起保护席和辅助席承重的作用。席统编为胡椒眼形，四面床牙饰以浮雕螭虎龙、花鸟等图案或几何纹样。牙板之上，采用高束腰做法，用矮柱分为数格，中间镶安绦环板，饰以浮雕鸟兽、花卉等纹饰。而且每块装饰花板的题材和形式各异，可见做工的精美程度。这种架子床也有单用棕屉的，做法是在四道大边里沿起槽打眼，把屉面四边的绳头用竹楔镶入眼里，然后用木条盖住边槽。这种床屉因有弹性，使用起来比较舒适。

我国南方各地，直到现在架子床还很受欢迎。北方因气候条件关

图6-15 架子床
（图片来源：刘森林. 中华陈设——传统民居室内设计［M］. 上海：上海大学出版社，2006. 第68页. ）

图6-16 杭州胡庆余堂中的拔步床
（张建庭. 胡雪岩故居［M］. 北京：文物出版社，2003. 第90页. ）

系，喜欢用厚而柔软的铺垫，床屉的做法大多是木板加藤席。

2. 拔步床

拔步床是一种造型奇特的床（图6-16）。把架子床安放在一个木制平台上，平台前沿长出床的前沿二三尺。平台四角立柱，镶安木制围栏。还有的在两边安上窗户，使床前形成一个廊子。床前的两侧还可放置桌、凳等小型家具，用以放置杂物。这种带顶架和廊子的床多在长江流域使用，南方温暖而多蚊蝇，床架的作用是挂帐。床前的廊子也要挂帐，廊内放置常用杂物。冬日夜间还要放置马桶、水盆、炭筐等。我国秦岭以南地区昼夜温差不大，所以用拔步床的不多。

3. 罗汉床

罗汉床就是人们通常所说的榻，由汉代的榻逐渐演变而成。榻，本来是专门的坐具，经过五代和宋元时期的发展，形体由小变大，逐渐演化成可供数人同坐的大榻，同时具备了坐和卧两种功能。后来又在座面

图6-17　清中期描金山水罗汉床
（图片来源：故宫博物院. 明清宫廷家具［M］. 北京：紫禁城出版社，2008. 第51页.）

上加了围子，而成为罗汉床（图6-17）。

罗汉床专指左右及后面装有围栏的一种床。围栏多用小木块作榫拼接成各式几何纹样。最素雅者用三块整板做成，后背稍高，两头做出阶梯形曲边，拐角处做出软弯圆角，既典雅又朴素。这类床形制有大有小，通常把较大的叫“罗汉床”，较小的叫“榻”，又称“弥勒榻”，也叫“宝座”。

大罗汉床不仅可以用作卧具，也可以用为坐具。一般正中放一炕几，两边铺设坐垫、隐枕，放在厅堂待客，作用相当于现代的沙发。罗汉床当中所置放炕几，作用相当于现代两个沙发当中的茶几。这种炕几在罗汉床上使用，既可依凭，又可陈放器物。可以说，罗汉床是一种坐卧两用的家具。或者说，在寝室供卧曰“床”，在厅堂供坐曰“榻”。按其主流来讲，则大多用在厅堂待客，因此，在我国南方和北方地区广泛使用，是一种十分讲究的家具。

6.2.4 柜橱类（含箱子）

柜橱主要是用来收藏衣物、置放食品等用品的家具。如衣橱、食品橱、衣柜、食品柜、碗橱等。橱的形体与桌相仿。明代的橱形制上往往是上面设抽屉，抽屉下设闷仓，如将抽屉拉出，闷仓内也可存放物品。橱发展到清代，闷仓常以门代替，这样使用时更方便，结构更合理。柜一般形体高大，可以存放大件衣物和物品。对开门，柜内装隔板，有的还装抽屉。清代的橱、柜做工考究，使用功能也有进一步发展。橱柜是一种橱和柜两种功能兼而有之的家具。

清代柜橱的品类十分丰富，功能和造型非常齐全，使用方式上各有讲究，主要有顶竖柜、圆角柜、亮格柜、面条柜、橱、橱柜、书格、书橱、博古格等。

1．顶竖柜

顶竖柜是在一个两开门立柜的顶上再叠放一个两门顶柜的组合柜。顶柜与底柜之间通过子口吻合在一起，故称“顶竖柜”，又称“四件柜”。这是明清两代较为常见的一种柜橱形式，可以并排陈设，也可以左右相对陈设（图6-18）。

顶竖柜因常并列陈设，为避免两柜之间出现缝隙，多用方料，且上下左右均方正平直，没有侧脚和收分。明代顶竖柜以黄花梨居多，大多简洁朴素没有装饰，采用雕刻或镶嵌的非常少见。清代顶竖柜以紫檀居多，且装饰华丽，多在柜门上浮雕或镶嵌各种纹饰。

2．圆角柜

圆角柜因为柜子的四框和腿足各用一根圆木做成而得名，两门或者四门。圆角柜用料比较粗壮，为了减轻重量，多用较轻的木料制作。圆角柜的特点主要表现在有明显的侧脚收分，柜门安装不用合页，而采用与门轴同样的做法。在柜门靠两边的边梃两头做出长于柜门的轴头，上端插入柜顶的圆孔中，下端在门下横带两端各挖一个圆形的凹坑，使柜门下端的轴头正好能安放在圆坑中，柜门可以灵活自如地往来转动。必要时，在柜门打开的状态下可以将门摘取下，不需要任何工具，简便易行。方角柜形式与圆角柜完全相同，就是柜子的四角立桩以方形木料制成，柜顶与立柱用棕角榫结构，有不太明显的侧脚收分。为减少磕碰损

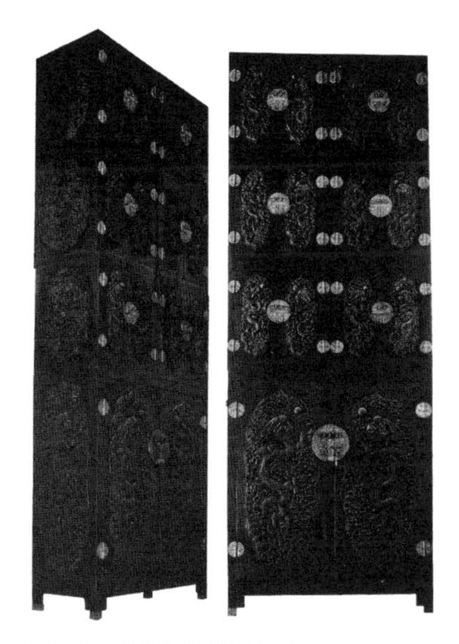

图6-18　清花梨木雕云龙纹顶竖柜
（图片来源：故宫博物院. 明清宫廷家具［M］. 北京：紫禁城出版社，2008. 第224页.）

图6-19　清中期紫檀雕山水人物亮格柜
（图片来源：故宫博物院. 明清宫廷家具［M］. 北京：紫禁城出版社，2007. 第229页.）

伤，在方材的棱角做出委角线，有的还在两个看面上打出凹槽，以增加柜体自身的装饰效果。

3. 亮格柜

亮格柜是格与柜的结合体，下部有两个对开的柜门，门上装铜饰件；柜门的上面安装着两具抽屉，再上为两层架格（图6-19）。架格处的后背镶装背板，两个侧面山板及正面透空。有的在两侧面山板及正面各装一道极矮的围栏，或在左右及上沿安装一个壶门式的牙板。

亮格柜一般在厅堂或书房中使用。上部的架格放书，下边柜内可存放一些临时待客用的杯盘茶具及其他物品，抽屉内可以存放一些零散的小物件。如果在客厅中使用亮格柜，有时会在上部架格内摆放几件古玩等器物，以增加厅堂室内环境的幽雅之气。

4. 面条柜

面条柜的形体比圆角柜略小，一般用硬木及硬杂木制成，两扇门之间也有活动门栓，可以上锁。一般前述圆角柜和方角柜都一并称为“面条柜”。面条柜的两扇柜门一般攒柜镶心，采用落堂镶法，这是面条柜的典型特点。采用这种工艺手法的板心都低于四框，两门中间有活动立栓，安装面叶时，因受边柜宽度限制，只能做成长条形，根据这个特点，人们将其称为“面条柜”（图6-20）。

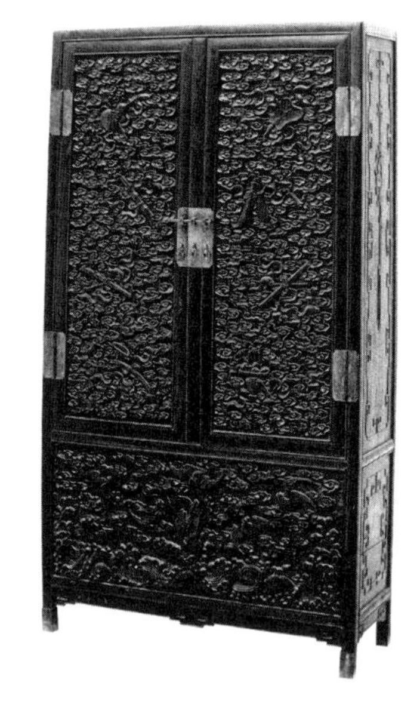

图6-20　清末紫檀雕暗八仙面条柜
（图片来源：故宫博物院. 明清宫廷家具[M]. 北京：紫禁城出版社，2007. 第231页.）

5. 橱

橱的形体与桌案大致相仿，面板下面是抽屉（图6-21），从一屉至四屉不等，抽屉部分不带闷仓，两屉称连二橱，三屉称连三橱，四屉称连四橱，还有人称其为闷户橱。这类橱大多为案形结构，主要用于存放杂物。有些不太常用之物多放于闷仓。闷仓无门，取放物品时必须先将抽屉取下，然后再安上抽屉。

6. 橱柜

橱柜是一种兼有橱、柜、桌三种功能的家具。一般形体不大，与橱的形体大致相似。高度相当于桌案，柜面上可作桌案使用。面下安抽屉，抽屉下安装两扇对开柜门，门内装水平樘板，使柜内空间分为上下两层。门上装铜饰件，可以上锁。

明清两代的橱柜种类很多，在做工上，特点和风格与桌案几无二致，分为桌式和案式两种。桌式橱柜都没有侧脚和收分，或有侧脚也不明显，光凭肉眼很难分辨。案式橱柜的板面长出橱身的两山，四框的立柱和腿足一木贯通，有明显的侧脚和收分，有平头和翘头两种。在明清两代宫廷陈设中，橱柜是室内环境中使用得非常普遍的家具。

图6-21　清中期佛龛橱
（图片来源：故宫博物院. 明清宫廷家具[M]. 北京：紫禁城出版社，2007. 第233页.）

7. 书格

书格是专门摆放书籍的架格（图6-22），也称书架，与书橱的区别是没有门，而且四面透空，只在每层两侧及后面各装一道木栏，目的是使书册摆放得整齐并不致掉落。常见在书格正中平装抽屉二三个，其作用一为加强书格的牢固性，二来还可以放些纸墨等用具。书格大都成对陈设，是明清时期书房、客厅的必备之物。

8. 书橱

明清时期还有各种专用的橱柜，因功能不同而各有不同的形式。如藏书橱一般要求宽阔，唯进深仅可以容放一册图书。即使阔至丈余，门一定是两扇，不可采用四扇或六扇（图6-23）。书橱一般以带底座者比较雅致，很少用四足支撑。又如经橱，大都外涂朱漆，形体较一般书橱要大得多，进深也比书橱要大，这是根据经册大而且大多较长的特点制作的。

图6-22　清初黑漆嵌五彩螺钿山水花卉书格
（图片来源：故宫博物院．明清宫廷家具[M]．北京：紫禁城出版社，2007．第238页．）

图6-23　清紫檀雕云龙纹书橱
（图片来源：故宫博物院．明清宫廷家具[M]．北京：紫禁城出版社，2007．第240页．）

9．博古架

博古架也称多宝格、百宝架，是一种专为陈设古玩器物的器具，它是进入清代中期才兴起并十分流行的家具品种，独特之处在于将格内做出横竖不等、高低错落的一个个空间，在视觉效果上，打破了横竖连贯的形式，营造出一种多变新奇的意境（图6-24）。王世襄先生在《明式家具研究》中论及架格类家具时写到："明式架格一般都高五六尺，依其面宽安装通常隔板。每格或完全空敞，或安券口，或安圈口，或安栏杆，或安透棂，其制作虽有简有繁，但均应视为明代形式。至于用横、竖板将空间分隔成若干高低不等、大小有别的格子，就应该另有名称，名之为'博古架'。即使雕饰不多，也应列入清式。"[1] 作为家具的博古架形体大小相差很大，大的一般依墙而立，用来展示大件物品；小的置于主人的几案之上用来盛放小的物件，它本身也成为一种陈设品来摆设。

10．箱子

箱子一般形体不大，由于经常搬动，为了坚固起见，两边装铜质提环，四角拼缝处多用铜面叶包裹，箱盖四角饰铜质云纹包角，正面饰铜面叶和如意云纹拍子，可以上锁。官皮箱是一种旅行用的储物小箱，通常长30cm、宽20cm、高30cm左右。箱子在历朝历代都是比较常见的家具，它不仅可于家中储物，外出时还可携带。明代以前的箱子多做出盝顶形，有方盝顶和圆盝顶之别。明后期，乃至清代，才流行平顶箱。明代这类小箱很常见，有的在箱盖里面装上镜子，就成为"梳妆匣"或"梳妆箱"，而用于存储文具的则为"文具箱"，为降温用于盛放冰块的就叫冰箱（图6-25）。

6.2.5 屏风类

明清时期的屏风，有座屏风、曲屏风、插屏和挂屏等几种形式。

1．座屏风

座屏风也称"八达马"屏风，即带八字形底座的屏风。多由单数组成，最少三扇，最多九扇。通常正中一扇较高，其余依次两边递减（图6-26）。

1. 王世襄. 明式家具研究（文字卷）［M］. 香港：三联书店（香港）有限公司，1989. 第77页.

图6-24　清紫檀嵌珐琅云龙纹博古格
（图片来源：故宫博物院. 明清宫廷家具［M］. 北京：紫禁城出版社，2007. 第248页.）

图6-25　清中期柏木冰箱
（图片来源：故宫博物院. 明清宫廷家具［M］. 北京：紫禁城出版社，2007. 第256页.）

图6-26　清中期紫檀边乾隆书董邦达画山水座屏风
（图片来源：胡德生. 明清宫廷家具大观［M］. 北京：紫禁城出版社，2006. 第337页.）

2. 曲屏风

曲屏风是一种可以折叠的屏风，也称软屏风、围屏。它与硬屏风不同的是不用底座，且由双数组成，最少两扇或四扇，最多可达十多扇（图6-27）。有以硬木做框的，也有木框包锦的。

3. 插屏

插屏一般都是独扇，形状有大有小，差异很大。大者高3m有余，小者只有20cm。大者多设在室内当门之处，根据房间和门户的大小来确定插屏的高度。小插屏主要陈设在桌案上，用于观赏（图6-28）。

4. 挂屏

在清初出现的挂屏，多替代画轴在墙壁上悬挂，成为一个纯装饰品类，一般成对成套。如四扇一组称四扇屏，八扇一组称八扇屏，也有中间挂一中堂，两边各挂一扇对联的。

6.2.6 其他

除了上面的几大类之外，清式家具中还有箱类和架子类。箱类包括

图6-27 清初黑漆款彩八扇屏
（图片来源：胡德生. 明清宫廷家具大观［M］. 北京：紫禁城出版社，2006. 第345页.）

图6-28 清中期紫檀边鸡翅木嵌玉人插屏
（图片来源：胡德生. 明清宫廷家具大观［M］. 北京：紫禁城出版社，2006. 第362页.）

图6-29　清中期酸枝木雕花面盆架
（图片来源：故宫博物院. 明清宫廷家具[M]. 北京：紫禁城出版社，2007. 第314页.）

图6-30　珠海陈芳故居中的清式挂衣架
（图片来源：作者自摄）

百宝箱、衣箱、官皮箱，药箱等。架子类包括衣架、盆架、鸟笼架、巾架等。

1. 面盆架

面盆架造型上有高有矮，有六足、五足、四足、三足之分，有固定的，也有可以折叠的。有的面盆架单纯放面盆，有的还能挂面巾。面盆架的结构与鼓架相似（图6-29）。

2. 挂衣架

清代挂衣服的架子和现在衣架的形式差异很大。清代衣架在造型上还保持着宋代遗留的风韵。宋代简单的衣架只是由两根立柱支撑一根横杆，横杆两头翘出立柱，立柱落在两横木墩上以起到稳定作用。清代在形制上相差无几，只是在立柱间再加横枨和增加雕饰（图6-30）。

3. 灯架

灯架是古时室内放照明用的蜡烛或油灯的用具。灯架分两种：挑杆式和座屏式。挑杆用来挂灯（图6-31），座屏用来放灯。

挑杆式灯架的形式和做法多样。有一类用一块木板作地板，当中立一圆木柱，四个站牙从四个方向将其抵夹固定，木柱正中钻一圆孔，用来插灯杆。灯杆的下端插入底座，上端以铜制拐角套在木杆上。为增加挑杆的承重能力和灯架的稳定性，需要加重底座，通常以铅块镶在底座四角。

座屏式灯架形如插屏的座架，只是较窄。屏框里口开出通槽，用一横木两头做榫镶入槽内，可以上下活动。屏框上横梁正中打孔，将一圆形木杆插入孔内，下端固定在可以上下移动的横木上。圆杆上端安一圆形木盘，下用四支托角牙支撑。可以根据需要调节灯架高低。平板的上面，可以放灯碗、蜡扦。外面再套上牛（羊）角灯罩。

牛角灯罩是用较大的水牛角经热处理后锤制而成的，加工难度较大。较小的灯罩有的用羊角制成，加工方法基本相同。到清代后期，玻璃开始广泛使用，取代了牛角或羊角制品。清代末期有了电灯，琉璃灯随之退出历史舞台。这种灯架在南方也称“满堂红”。

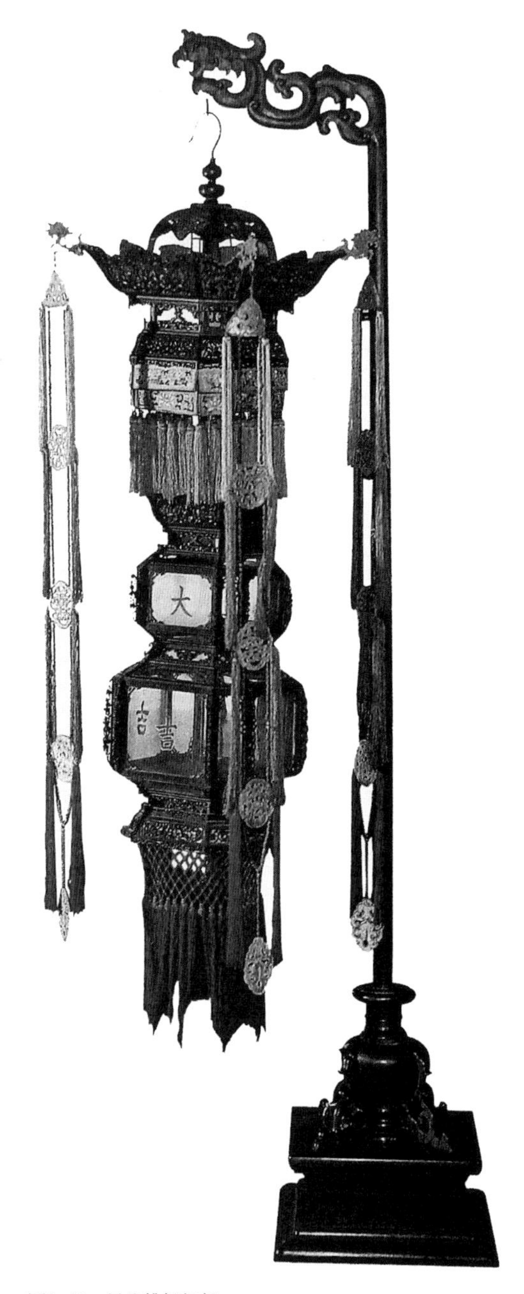

图6-31　凤纹挑杆灯架

（图片来源：胡德生. 明清宫廷家具大观［M］. 北京：紫禁城出版社，2006. 第392页.）

4. 包角提箱

提箱是家中常设家具，箱子

的形式较程式化。清代的箱子用途较广，不但放衣服、书籍，还放置宝物，有时出门旅行时还存放食品等（图6-32）。

清代箱子镶包饰件，质地主要有铜饰件、铁饰件，还有银饰件。铁饰件常错金、银，非常漂亮。银饰件通常鎏金，显得富贵华丽。铜饰件有白铜和黄铜之分，表面常打出各种线形花纹。

5．提盒

提盒是清代民间较为常用的一种盛物用具，平时主要为人们提携、运送食物之用，亦可装杂物。提盒形状与扛箱相差无几，但形制上要小得多。清代提盒制作比较考究，常用紫檀、红木制作（图6-32）。

6．梳妆台

梳妆台分高低两种，高者类似专用的桌子。台面上竖着镜架，旁设小橱数格，用以存储梳具及化妆品。台前设座凳或坐墩。台面上镜架装一块大玻璃镜，又称“镜台”。这种带玻璃镜的梳妆台在清代中期已很常见。

低镜台形体较小，一般放在桌案上使用。镜台面下设小抽屉数个，面上装围子。常见的还在台面后部装一组小屏风，3～5扇不等。屏前有活动支架，用以挂镜，又名“镜支”。也有不装屏风和围子的，而是在台面上安一个箱盖（图6-33）。

图6-32　珠海陈芳故居中的清式提盒
（图片来源：作者自摄）

图6-33　珠海陈芳故居中的清式梳妆台和包角提箱
（图片来源：作者自摄）

6.3 清式家具的风格特征

乾隆以后，清式家具才逐渐形成新的风格。清代家具的制作采用多种材料，为达到威严、豪华、富丽的目的，又配以各种装饰手段和多种制作形式，形成了独具特色的“清式家具”。清式家具的特点，首先表现在用材厚重上。家具体型、尺寸较明代宽大，相应的局部尺寸也随之加大。其次是装饰华丽，表现手法有镶嵌、雕刻及彩绘等。给人的感觉是威严、稳重、豪华，与明式家具的朴素、轻巧、优美形成鲜明的对比。

从用材角度来看，清式家具因受社会环境、审美观念、生活习惯及材料来源等的影响，材料的选用不同于明式家具。清代乾隆以后硬木用材范围较以前更为扩大，民间家具用材的不受约束为传统家具增多了色泽纹理的艺术表现力，如榆木、榉木、樟木、柞木等。明式家具以紫檀、黄花梨为主要用材，清式家具以紫檀、红木、鸡翅木、花梨（由于偏爱紫檀，花梨经常被染色）为主要用材。明式家具用材较为细小，纹理优美的黄花梨恰恰较适合制作素朴、秀挺、典雅的明式家具。清式家具在规格上比明式家具宽大，紫檀、红木、花梨等也比较适合豪华、气派、稳重、华丽家具的制作要求。

从造型角度来看，清式家具与明式家具相比较有如下几点较为突出的变化。

首先，不再受建筑大木构架形式的约束。明式家具盛行的侧脚、圆腿、上小下大的腿子收分、枨木牙子等皆源于建筑构架的形式特征，而到了清代，这些特征就不那么明显。而大部分家具采用截面为矩形的垂直腿子。家具造型也趋向方正平直。同时更有一部分家具脱离矩形体系，而采用圆形、多角形，甚至是自然形状的树根家具、鹿角家具。清末苏式家具出现了曹式（朝阳式），即家具台面束腰部分的起线增多，腿部矮宽，呈外翻的如意头状，已脱离了木腿原型。如果说明式家具注意线型、线脚及杆件构成体系等家具形式要素的话，清式家具则更多地注意板面与板面组成的体量感，所以总的印象是明式轻巧，清式厚重。

其次，明式家具中柔滑手感极佳的曲线型扶手及背板、微弯的腿子等渐次少用，而改为折线型扶手、平直式的背板及直腿，进而发展成具有山字外形或繁杂外形的背板。与明式以横搭脑杆件为造型构图基准的背椅完全异趣，清代盛行的厚重华丽、雍容典雅的太师椅，用材肥大，雕刻繁多，镶嵌珍贵，通过追求形式变化，以达到精神炫耀的目的，完全脱离了日用品设计的准则（图6-34）。“广作”桌椅厚大的灵芝纹图案可称为这种倾向的代表。

图6-34　杭州胡庆余堂中的太师椅
（图片来源：张建庭. 胡雪岩故居［M］. 北京：文物出版社，2003. 第120页.）

第三，清式家具的雕刻加工日益增多。初期多集中在牙条及背板上，以后在箱柜的镶板上也施以浮雕，贵重家具增加面板下束腰部分的雕饰，或者开设各种花饰的禹门洞、炮仗洞。方桌上的枨木完全雕成夔龙纹或弓璧扎带式装饰。宫廷架子床、立柜顶上有的还加设雕刻华美的毗卢帽顶（图6-35）。清式的木鼓墩开光部分大都填以雕花板，几乎称为一件雕刻品。光绪朝以后的宫廷家具更着意于雕饰数量的堆砌，风格更流于纤细烦琐，产生市侩的庸俗气质。总括地说，清式家具选材范围的扩大，地方流派的形成与交流，工艺与技法的糅合，注意面板造型的处理等方面的进步为清式家具增光溢彩，开创了空前的繁荣局面；而追求气派，烦琐雕饰，又将其引入歧途。

图6-35　清代酸枝木架子床
（图片来源：故宫博物院. 明清宫廷家具［M］. 北京：紫禁城出版社，2007. 第43页.）

明式家具线条简练，清式家具精致繁密；明式家具注重实用性，清式家具趋向摆设性；明式家具的花纹只是点缀，清式家具的花纹则是刻意追求。清式家具的装饰雕刻和镶嵌装饰的增多，在造型上逐渐形成雄浑、稳重、繁缛、华丽的特色风格，与简朴单纯的明式家具不但分道扬镳，而且渐行渐远。

清式家具与明式家具相比，整体不像明式家具那样以朴素大方、优美舒适为标准，而是以厚重繁华、富丽堂皇为标准，因而显得厚重有余，俊秀不足，给人沉闷笨重之感。但是，由于清式家具以富丽、豪华、稳重、威严为准则，为达到设计目的，利用各种手段、采用多种材料、多种形式，巧妙地装饰在家具上，效果也非常成功。在艺术成就上，清式家具虽不能与明式家具并驾齐驱，但也是中国家具艺术中的精品。

清式家具造型艺术呈现出多样并举的状况。一方面明代洗练的造型仍在传承和延续之中，特别是在民间和园林中广泛使用。另一方面受当时社会风尚及上层人士欣赏趣味的影响，家具的装饰性和工艺美术性增强。自乾隆时期开始，广泛吸收各种工艺美术手法、技法和材料，用在家具的装饰上，五光十色，琳琅满目。如金漆描绘、雕漆、填漆等混水漆饰工艺，以及螺钿镶嵌、玉石象牙、珐琅瓷片、金银嵌丝、竹黄、椰壳、黄杨贴落等嵌贴手法，使清式家具形成富丽华贵风格，创历代家具观赏美学价值的极致（图6-36）。

图6-36　清中期紫檀边座嵌画珐琅西洋人物插屏
（图片来源：胡德生. 明清宫廷家具大观[M]. 北京：紫禁城出版社，2006. 第372页.）

不同地区的清式家具又有一些不同的特点，独具地方特色。

6.3.1 京式家具

京式家具用料较小，做工趋于苏式。京式家具的纹饰风格独特，从皇宫收藏的古代铜器、玉器及石刻艺术中取材，巧妙地装饰在家具上。清式家具的装饰纹样多用夔纹、夔凤纹、拐子纹、螭纹、蟠纹、虬纹、饕餮纹、兽面纹、綦纹、蝉纹、勾卷云纹等，几乎无所不用。

6.3.2 苏式家具

苏式家具用料节俭。苏式家具的大件器物还时常采用包镶手法，即用杂木做成骨架，外面粘贴硬木薄板。苏式家具的镶嵌和雕刻艺术主要表现在箱、柜和屏风类器物上。装饰题材多取自历代名人画稿，以松、竹、梅、山石、花鸟、山水风景以及各种神话传说为主。其次是传统纹饰，如海水云龙、海水江崖、双龙戏珠、龙凤呈祥等，折枝花卉也很普遍。局部装饰花纹多以缠枝莲和缠枝牡丹为主，西洋花纹极为少见。

6.3.3 广式家具

广式家具用料粗大充裕。由于原料充足，讲究木质一致，一般一件家具都是用一种木料制成的。或用紫檀，或用红木，或用酸枝木，绝不掺用其他木材。

广式家具装饰纹样丰富，家具的装饰题材也受到西方文化艺术的影响，因此除传统纹样外，还使用一些西方纹样。装饰花纹雕刻深浚、刀法圆熟、磨工精细，其雕刻风格在一定程度上受到西方建筑雕刻的影响。有的屏风类家具还以玻璃油画为装饰材料。此外，镶嵌工艺也很发达，家具上常用镶嵌工艺，屏风类家具采用镶嵌工艺手法的比较常见。

为表现材质的色泽和自然纹理，广式家具不油漆底里，上面漆，不上灰粉，打磨后直接揩漆，使木质完全裸露。

6.3.4 其他地区的家具

除了上述三种家具以外，还有晋式家具，晋式家具至今还保留着北辽及元代风格的特点，造型古朴、大方，喜欢用透雕及镂雕手法，材质以核桃木及榆木为多。

此外，嵌瓷家具和菠萝漆家具为江西地区特产。

6.4 清式家具的装饰特征

明式家具以简洁雅素著称，重视材料的纹理和色泽，在此基础上，又根据需要采用端面及攒接、斗簇、雕刻、镶嵌等工艺（图6-37）。

明式家具的端面形式十分讲究。腿、杆、抹边、牙板、楣子等都经过认真推敲和设计。明式家具中的攒接是指用杆件搭成一定的图案；斗簇是指把若干镂雕的小花板用榫卯组合在一起。

雕刻的技法有多种，常用的有线刻、浮雕、透雕等几大类。

镶嵌的材料有竹、瓷、玉石、螺钿、牛骨、牛角、象牙、珊瑚、玛瑙和金银等。

除此之外，明式家具还特别重视油漆和烫蜡等工艺。

与明式家具相比，清式家具造型趋向繁缛复杂（图6-38），更注重争奇斗巧，将工艺美术的技术工艺用于家具装饰上，出现了雕漆、填漆、描金的漆家具。雕刻、镶嵌的材料已扩大至螺钿（图6-39）、玳瑁、玻璃、镜子、景泰蓝和珐琅等，至于装饰题材则更重视吉祥如意和粉饰太平的寓意，如喜上眉梢、五福捧桃、鲤鱼跳龙门、鹿鹤同春等。清式家具的纹饰反映了中国悠久的传统观念，即强调自然的形态和模式，反映人们对大自然山谷、云霞、树木、花卉等自然景物的爱好。这种观念不但反映在哲学、绘画、诗歌上，在家具制作上也有明显体现。但“由于装饰过于强调突出，从而破坏了家具的整体形象及比例和色调的统一和谐”。[1]

1. 张绮曼. 室内设计的风格样式与流派［M］. 2版. 北京：中国建筑工业出版社，2006. 第15页.

图6-37　明黄花梨牙板裁边五节圈椅
（图片来源：文化部恭王府管理中心. 恭王府明清家具集萃［M］. 北京：文物出版社，2008. 第35页.）

图6-38　清酸枝木麒麟纹扶手椅
（图片来源：文化部恭王府管理中心. 恭王府明清家具集萃［M］. 北京：文物出版社，2008. 第127页.）

图6-39　清酸枝木嵌螺钿镶理石架子床
（图片来源：文化部恭王府管理中心. 恭王府明清家具集萃［M］. 北京：文物出版社，2008. 第111页.）

6.5 清式家具设计的配套意识

清式家具的设计不再是单一器物的设计，而是寻求在室内空间环境中的整体配套，讲究与室内空间的搭配和组合。与明代相比，尽管清式家具个体造型趋向复杂，装饰丰富繁缛，但成套设计和配置家具的观念比以前更为明确。于是，出现了适合不同功能空间如厅堂、卧室、书房等的不同家具组合。在北京恭王府中就有一套酸枝木嵌螺钿的家具，包括床、榻、椅子、凳子、茶几、穿衣镜等，每一件家具看上去尽管烦琐不堪，但这些家具组合在一起，在不同的功能空间中却能给人一个整体、协调的感觉，营造出厅堂、书房、卧室等特定场所的环境氛围（图6-40 ~ 图6-43）。

在府邸的厅堂家具陈设中，多以后檐墙为背景安置条案或架几条案，案前设方桌、对椅（清代常用太师椅）；北方建筑也有以火炕为中心的，配以炕桌、脚踏，两侧设茶几、椅子或方、圆凳。卧室内除炕、架子床或床柜以外，则设立柜、大柜、连二橱、炕柜、被阁、围屏、凳、

图6-40　清酸枝木嵌螺钿镶理石椭圆凳
（图片来源：文化部恭王府管理中心．恭王府明清家具集萃［M］．北京：文物出版社，2008．第145页．）

图6-41　清酸枝木嵌螺钿宝座
（图片来源：文化部恭王府管理中心．恭王府明清家具集萃［M］．北京：文物出版社，2008．第157页．）

图6-42　清酸枝木嵌螺钿穿衣镜
（图片来源：文化部恭王府管理中心. 恭王府明清家具集萃［M］. 北京：文物出版社，2008. 第293页.）

图6-43　清酸枝木嵌螺钿梅花纹茶几
（图片来源：文化部恭王府管理中心. 恭王府明清家具集萃［M］. 北京：文物出版社，2008. 第245页.）

墩、盆架、衣架等。书房内设书案、书架、书橱、博古架、椅凳等。清代立屏逐渐少用，而代之以清中期以后出现的穿衣镜。清代的香几、茶几、杌凳、花架、半月桌、桌套等小件家具的应用很普遍，布置更加灵活自由，可以充分利用室内的空余面积，增加使用的方便性。同时也增强了室内空间的变异性，丰富了环境气氛。总之，成套家具配置统一了家具的形制、风格和样式，增强了室内营造的水平，与陈设物品的搭配更为有机、统一和协调。

第 7 章

浮华与入微
——清代室内环境营造的特征

清代室内环境营造中十分重视装饰艺术，各种艺术手法无所不用。工艺美术的繁荣带来工艺技术的进步，室内营造中工艺技术的运用使室内装修和器物制作非常华美精致，但对工艺技术的炫耀导致过度装饰，形式趋向烦琐。营造中把艺术和技术等同起来的做法，使得技艺愈发精绝，工艺技术的水平达到了前所未有的高度，装修呈现出精致化和繁缛化的趋向。两者相辅相成，对精致的追求又使工艺技术得到进一步发展。艺术和技艺上的成就，使得普通人的生活方式逐渐从粗放走向精致，也表明统治阶层和文人士大夫生活方式精致化的趋向发展到了极致，精致的生活方式使清代室内环境营造呈现出浮华和入微的特征。在这里，入微可以从两个方面去理解：一是室内环境营造中对细节的过度关注，导致形式上繁缛和浮华；二是室内环境营造中对人关注的细微，体现在室内环境营造的整体意识和人文关怀上。室内环境营造呈现出有机的特征，其所有构成要素之间协调统一，并与人之间达到高度的契合。

7.1 装修的装饰化

虽然说清代时期室内环境营造艺术的审美性，是对前代的继承和渐变式的发展，但是当其发展到一定程度时，也会因其独有的特色而突现出来。就室内环境营造艺术的装饰性品质而言，自古以来室内环境及其内含物就有装饰性的艺术表现，比如隔扇、门窗、雕刻和陈设品的处理，历来是建筑室内环境营造艺术的重点，而清代时期，装饰性则成了一个时代意识的最突出表现，装饰性从结构到色彩，再到对其他艺术形式的借用，清代室内环境营造对装饰性的重视已不局限于某一环节，而是成为建筑及其室内环境营造的重要部分（图7-1）。

应该说，清代室内环境营造是中国古典建筑室内环境营造发展过程中最注重追求艺术品位（不是文人趣味）的时期。明代以前的室内环境营造和家具设计都是以“制器尚用”为原则，但到了清代，无论从室内装修的整体形式上，还是从装饰的细节处理上，都是以实用与审美并重为原则。从室内环境和家具等陈设品的装饰特征角度看，清代时期对审美的要求甚至超过了对实用功能的强调，对审美的高度重视使室内环境营造走向装饰化。因此，清代室内环境的营造中，界面和构件的装修中大量运用装饰化处理手法。

室内环境营造是一门综合艺术，它虽然显示了建筑自身室内空间的形式美感，但同时又包含了各类装饰的表现力。中国古代建筑的室内环境中，早期室内空间的界面上很少做装饰，主要以悬挂和遮挡的方式来分隔、装饰室内空间，如用帷帐、垂帘、屏风、玉石、金属、丝绸、幕布等来美化室内空间，或者使用少量的彩绘。严格意义上讲，这些只能算是室内陈设型的装饰，尚不能称为装修型的装饰。唐宋时期逐渐开始在建筑室内空间的结构和装修构件、配件上进行雕刻处理（木、石、砖雕），加强形式美感，这时的装饰手段与室内构成要素的功用和特质结合得比较密切，同时又加上壁画及木构件上的彩绘，使室内环境营造的表现手段愈加丰富，表现力更强，可以说雕刻与绘画逐渐都融入室内环境的营造之中。

到了清代，在前代已经取得的历史成就的基础上，室内装修中又大量引入了各种装饰手法和日用工艺品的装饰技术。除了常规的雕刻和绘画技艺外，还把在家具、纺织品、瓷器、景泰蓝器皿、金属铸件、竹工艺器具、牙雕、席编、制扇、镏金物品、灯具、书画装裱、装帧等方面的技艺手法，都用到建筑室内装修上（图7-2）。

图7-1　新疆喀什亚杂其巷民宅内景
（图片来源：黄明山. 圆楼窑洞四合院［M］. 台北：光复书局，1992. 第77页.）

图7-2　北京故宫卷勤斋阁楼
（图片来源：故宫博物院古建管理处. 故宫建筑内檐装修［M］. 北京：紫禁城出版社，2007. 第171页.）

大量装饰形式和工艺手法的使用，不仅使用丰富的装饰题材、纹饰，而且大大扩展了装饰材料的品类，例如仅装饰用纸就达到60余种之多，装饰用纺织品有绫、绸、纱、缎、棉布、苎布、麻布、冷布、丝绵等，几乎囊括了所有民间衣物用料，至于纺织品的颜色、织法、图案的变化则更是不胜枚举。装饰材料的多样和相应工艺技术的运用进一步丰富了室内环境营造的装饰手法，开创了中国古代建筑室内环境装饰艺术的新篇章。有些室内装饰要素，如罩类、屏类、隔扇类、联匾类、藻井及轩顶类、彩画类等都是清代极为发达的装饰部类，匠师们创作出了不少极为成功的佳品，是清代建筑室内环境装饰装修中最为光彩动人之处（图7-3）。

每当走进清代遗存下来的中国传统建筑的室内空间中，就如同走进

图7-3　珠海陈芳故居中的轩顶天花
（图片来源：作者自摄）

图7-4　安徽宏村民居的天井及室内环境
（图片来源：作者自摄）

了精彩纷繁的装饰艺术世界，充斥在建筑室内外装修中的雕饰物、镶嵌品和彩画让人目不暇接。不同的纹样，不同的造型，丰富的色彩，林林总总，变化万千。这些雕饰和彩画都有着一定的文化内涵和寓意，表达着人们的美好愿望和期求。清代建筑装饰纹样主要有石雕纹样、砖雕纹样、木雕纹样和彩画纹样四种类型，此外还有镶嵌纹样、贴饰纹样等。建筑室内环境中的装饰纹样，不论是单独式的，还是连续式的；不论是团花式的，还是几何式的；或是几何式与团花式组合在一起的，这些程式化极强的吉祥纹样，经过精湛高超的工艺雕刻和绘制，表现得极为精彩，或精美，或粗犷；或细腻，或豪放。

雕刻艺术和彩绘艺术使得清代建筑室内环境中处处都体现出装饰性的特征，从外到内，从整体到局部，装饰的意匠处处可见。就中国传统民居而言，无论南北东西，建筑室外的大门门头、花园的窗户、台基、屋脊和房檐上，都装饰有石雕、砖雕，房屋的门、窗、梁、隔扇、花罩、桌、椅、工艺品，处处都有木雕。清代的装饰雕刻技艺十分发达，无论是人物故事还是花鸟虫鱼，都栩栩如生，雕工细腻、圆润、流畅。彩绘也是高度发达，例如清代徽州民居木装修、木栏杆的雕刻风格较明代更为纤细繁杂（图7-4），苏州砖门楼的雕刻自乾隆时期以后才大量增加花卉、人物、戏剧等复杂雕饰内容，有的甚至为透雕。大理白族民居墙面贴砖及隔扇也是在清代以后才变得丰富起来。

7.1.1 石雕

清代石雕，主要应用于大型建筑的台基、栏杆、石柱、漏窗，以及石碑等部位或要素的装饰。石雕方法齐全，有线刻、减地阳平面兼勾阴线、浅浮雕、高浮雕、立体圆雕和透雕等。石雕方法及表现形式往往与石材建筑构件的样式及功能相结合，例如：线刻及减地阳平面兼勾阴线多用于石碑和陵寝墓室墙壁装饰；浅浮雕及高浮雕用于建筑台基、栏杆和石柱等的装饰；立体圆雕用于建筑的转角处、柱头及柱础的装饰；透雕则主要用于漏窗和隔扇等的装饰。

清代石雕纹样题材多样，动物、花卉、山水、人物、几何纹样一应俱全，并以动物、花卉及几何纹样为主（图7-5）。

在石雕动物纹样中，以龙、凤、麒麟、狮子、蝙蝠、鱼、鹿等祥瑞动物最为常见。安徽黟县是国内清代建筑保存较为完整的地方之一，其建筑样式及装饰纹样典型而精美。如安徽黟县清代建筑石雕鲤鱼跳龙门图、松鹿图、兽衔灵芝图等，纹样或为方形、或为四瓣花形，适形组织，纹样生动，构图完整，富于装饰。

图7-5　杭州胡庆余堂大门与门厅天井西墙石刻及砖雕
（图片来源：张建庭．胡雪岩故居［M］．北京：文物出版社，2003．第22页．）

此外，沈阳故宫石栏杆上的雕刻纹样，是在圆形空间中适形雕刻的海水龙纹。清承德避暑山庄外八庙的石雕纹饰，是由散点的蝙蝠与连续的云纹构成的云福纹样。云南昆明清代建筑金殿的石栏板，以透雕的手法雕刻出多种动物纹样，有奔牛、奔象、麒麟、狮子、怪兽等，在花形漏窗中，动物纹样或奔腾跳跃，或展翅飞翔，极为生动又极其适合，堪称清代建筑石雕的经典之作。

在清代石雕花卉纹样中，常见的题材有缠枝牡丹、团花、宝相花、瓶花，以及梅兰竹菊等。其构成形式有两种：一种为适合纹样和连续纹样等纹样组织形式，纹样造型规范，组织严谨，富于程式化。例如故宫博物院建筑石雕纹样，多在汉白玉台基及围栏上，适合其造型，来组织纹样，以浮雕或透雕的手法雕刻而成。其中有的是在方形或圆形的空间内，以牡丹等纹样左右相对，并以S形缠枝相连，组成几何形适合纹样；还有的是在花形或水果形的空间内，以对称形式组成仿生形适合纹样，沈阳昭陵石台基上以卷草纹组成的花形适合纹样就是如此。而大量的还是以各种花卉及几何纹样组成的二方连续纹样，如缠枝牡丹二方连续纹样、卷草纹二方连续纹样等。另外一种组织形式的石雕花卉纹样，多用于住宅及亭台漏窗装饰，类似花鸟画，造型写实，构图自然。例如安徽黟县清代民宅石雕漏窗纹样，多以梅、竹、花鸟等为题材，组成类似花鸟画的构图，通透的纹样犹如窗外一景，立体真实又富于装饰。

7.1.2 砖雕

中国古代建筑是以砖木结构为主，而在砖面上雕刻纹样作为装饰，也就成为中国传统建筑装饰的一大特色。

清代砖雕工艺区别于以往的画像砖，它不是在尚未烧制的砖坯上利用模印法印制纹样，而是在已烧成的砖面上雕刻纹样。由于烧成砖的材质粗硬，不同于石材，因此其雕刻风格也不同于石雕的细腻，而是粗犷大方、生动有力（图7-6）。

清代砖分为地面装饰用砖和墙面装饰用砖两类。铺地砖雕纹样的构图，有的是一砖一图，构成完整。如云南大理侯庐中二楼外廊地面的地砖，方形地砖的边缘装饰着简单的矩形方框，砖面的中心雕刻喜鹊、梅

图7-6　杭州胡庆余堂的砖雕
（图片来源：张建庭. 胡雪岩故居［M］. 北京：文物出版社，2003. 第23页.）

花、兰花、竹子、貔貅等纹样，没有一块是重复的，造型写实，构图自由（图7-7）。此类地砖纹样的取材及构图虽然接近绘画，但纹样造型经过变形整理，简洁规范，富有装饰性。还有的地砖纹样由于构图复杂、形象众多，采取多块地砖镶嵌组合而成的手法。如故宫博物院御花园中菊花山石纹样地砖，写实性菊花纹样竖式构图，由多块地砖镶嵌而成。地砖的雕刻纹样大量为几何纹样，此外，还有植物花卉、动物花鸟、人物风景和吉祥文字等题材。

砖雕在园林及民宅建筑中主要作为墙面装饰，而墙面装饰用砖是清代砖雕的主流，最能代表清代砖雕艺术风格及水平。这些用于墙面装饰的砖雕，与地砖相比，在建筑上的位置显著，装饰面积大，并与门头、花窗、影壁、山墙等建筑构件紧密结合（图7-8）。不仅形式多样，有单独纹样、适合纹样、连续纹样以及大型砖雕壁画等多种表现形式，题材丰富，形象生动，构图复杂，而且雕工精湛，有浅浮雕、高浮雕和透雕等多种雕刻手法，画面层次清晰分明，形象立体感强，具有很高的审美艺术价值。

这些墙面装饰用砖，往往将植物花卉纹与动物鸟兽纹等按照一定情节或吉祥意义组织在一起，构成具有吉祥主题、画面完整、构图自由的砖雕作品。例如，安徽清代民宅狮子戏球砖雕纹样，以高浮雕的手法

图7-7　云南大理民居中地面的砖雕
（图片来源：作者自摄）

图7-8　杭州胡庆余堂门厅天井西墙砖雕
（图片来源：张建庭. 胡雪岩故居［M］. 北京：文物出版社，2003. 第21页.）

雕刻出四只狮子围绕彩球嬉戏玩耍的生动场面，把民间狮舞表现得活灵活现。安徽清代民宅砖雕的形象塑造也独具特色，一方面是由于砖雕工艺所限，另一方面是这些砖雕均出自民间艺人之手，砖雕纹样不论是植物、动物或人物，一律经过概括整理，并添加组合，故形象规范不失丰满，稚拙不失灵动，如麒麟凤纹、飞凤松鹿纹、太平有象纹、荷鹭纹、花鸟纹、博古纹等砖雕纹样。此外，安徽民宅砖雕还有以几何纹构成为主的纹样，与清代丝绸纹样风格相一致，组织严谨，纹样细致，如锦地叠花、回纹、方胜、钱纹、拐子龙纹等砖雕纹样。

清代砖雕除了安徽之外，江南的苏州等地也十分发达，在苏州园林建筑中的应用十分普遍，其雕刻题材和风格与安徽近似，如雀鹿纹砖雕，画面上假山花树之间雀鹿相对，既是苏州园林风光的写照，又富有浓郁的自然情趣。此外，又如凤穿牡丹纹、鹰松卧兽纹、狮子戏球纹等鸟兽植物纹砖雕，兰章纹、菊花纹、葡萄纹等花卉纹砖雕，方胜、回纹

图7-9　江西景德镇通议大夫祠前厅额枋
（图片来源：庄裕光，胡石. 中国古代建筑装饰·雕刻［M］. 南京：江苏美术出版社，2007. 第42页.）

等几何纹砖雕都十分精美。

7.1.3 木雕

木雕在清代建筑装饰中应用十分普遍，从室外的门窗、斗拱、额枋到室内的隔扇、屏风等建筑细部无所不施。木材不同于石材和砖材，易于雕刻，并且木雕与装饰墙面的石雕、砖雕的装饰部位与功能也不同，主要用于装饰与人近距离接触的门窗、隔扇等，因此又无施不巧，精雕细刻，其精美程度超过石雕和砖雕。

清代建筑木雕的雕刻手法多样，既有浅浮雕和高浮雕，也有透雕和圆雕。木雕纹样题材也十分丰富，有花卉植物、鸟兽动物、人物、风景、几何纹样等。木雕纹样的组织构图因装饰部位的不同，又有单独式、独幅式、连续式等，既有小型的独花纹祥和花边纹样，也有大型的具有主题内容、故事情节，形象众多、构图复杂的独幅式纹样（图7-9）。

例如，装饰在门板、隔板上的单独纹样，有平衡形式的，如由花篮组成的以及由山石花卉组成的单独纹样，也有对称形式的，如由五福捧寿组成的单独纹样等。

装饰门窗等特定部位的纹样，因部位不同而有圆形、方形和角隅等多种形式，如以五福捧寿组成的圆形纹样，以缠枝花组成的长方形适合纹样，以凤穿牡丹组成的四瓣花形纹样，以花树组成的梯形纹样，以荷塘鸳鸯、雄鸡瓜叶等组成的角隅纹样等。

装饰在门窗、隔扇、屏风等边缘常用二方连续纹样，如以缠枝花卉组成的二方连续纹样、以散点花卉组成的二方连续纹样、以拐子龙纹组成的二方连续纹样等。

此外，在门窗、隔扇上一般装饰以大面积的四方连续窗棂及漏窗纹样，如以夔龙捧寿组成的漏窗纹样、以福庆双鱼组成的隔扇通透纹样、以几何纹组成的窗棂纹样等。

装饰在门板、隔扇、屏风等中心部位的木雕纹样，往往是形象众多、构图复杂，带有寓意主题或生活情节的独幅式纹样。这些纹样形象写实，景物自然，构图完整，具有绘画性，如荷塘鸳鸯纹样、凤凰牡丹纹样、老叟与随童纹样等。

7.1.4 彩画

清代建筑彩画纹样主要用于宫殿、庙宇等建筑装饰，而在这些建筑上彩画纹样又往往装饰在斗拱、梁枋及室内藻井方綦等处，绚丽的纹样在建筑上起到画龙点睛的作用，与红墙黄瓦相配合，使建筑愈加金碧辉煌。此外，在祠堂、会馆、戏馆等公共建筑，以及权贵的府第中也常使用彩画。

清代的建筑彩画种类很多，主要以南北两大派系为代表，分别是以北京为中心的和玺彩画和以江南地区为中心的苏式彩画。

北派和玺彩画以梁枋为主，枋心纹样以龙凤纹祥和牡丹纹样为主，此外，还有云纹、火纹、文字、几何纹样等。这些纹样或单独或组合应用，组成龙凤呈祥、凤穿牡丹、夔凤番莲等纹样。在用色上以“碾玉装”为主，在青绿色上加入红、黄、白、金等色，色彩艳丽明快。在组织上有以散点式组成的纹样，有以连续式组成的纹样，有以对称式组成的纹样，还有将多种纹样及构图形式组合在一起的综合式纹样等。

南派苏式彩画的枋心纹样，最大特征是两边色彩褪晕，枋心主图采取山水、花鸟、人物等绘画形式，有仿名家绘画的，也有戏文故事等。

此外，还有许多具有地方特色的彩画，如：山西地区的建筑彩画、藏传佛教建筑的彩画、新疆维吾尔族的建筑彩画、傣族庙宇的建筑彩画等。地方彩画由于少了官方的约束，在形式和色彩上更为自由多变，异彩纷呈（图7-10）。

清代藻井纹样根据装饰部位有圆形和方形两种，纹样有龙、凤、鹤、花卉、几何、寿字、梵文等。纹样根据装饰部位适形组织，组成团龙、团

图7-10 安徽亳州花戏楼角部彩画
（图片来源：庄裕光，胡石. 中国古代建筑装饰·彩画［M］. 南京：江苏美术出版社，2007. 第171页.）

凤、凤穿牡丹、龙凤呈祥等藻井纹样。而更多的是以龙、凤纹样为主体，周围或四角添加云纹、海水、花纹等纹样组成的复合式藻井纹样。

清代宫殿、庙宇等建筑室内顶部，有的以等距的横竖线分割，再填充纹样，组成四方连续方棋纹样，有的还遍饰纹样，组成大面积的四方连续纹样。纹样用色多为深绿、靛蓝、朱红、橘黄、金粉等，色彩浓重艳丽、富丽堂皇。

官式彩画发展到清代已经是十分程式化、技术化的装饰，自由式的写生技术渐渐少用。后期为了丰富艺术形式，在苏式彩画中又开始采用各种写生技法，但这种写生也是限制在统一构图中的局部变化，总体感觉仍是有序的组成。

7.2 装饰形式的程式化

在清代的室内环境营造中逐渐形成了民间和宫廷两个体系，产生不同的艺术风格，服务于不同的对象。前者淳朴自然，富于生活气息；后者矫饰造作，具有匠气和雕琢气。不论什么类型的建筑，在室内装饰形式上都出现了不同程度程式化的倾向。中国传统建筑功能类型之间的区别主要表现在形制的等级差异上，其自身功能和类型的性格较弱，构成的要素基本相同。因此在室内环境的营造中，差异仅表现在大小、高矮、复杂和豪华程度等的变化上，在装修细节上使用的营造手法、装饰纹样和题材基本相似，因此室内装饰出现高度程式化的倾向。例如，建筑中对于同种构件，如窗扇、门扇、隔扇之类，一般只是尺寸和使用材料的不同，但在装饰细节（雕刻手法、纹样、色彩等）的处理上，不仅有了一定的定式和约定俗成的做法，而且达到高度的程式化（图7-11）。

清代不同类型建筑室内环境的构成要素大致相同，界面和构件的装修中大量运用装饰化的处理手法。以石雕、砖雕、木雕、彩画为主体的装饰中使用了大量的建筑纹样。建筑纹样的选择，受到构件形体及表面

图7-11　云南大理民居中的隔扇门
（图片来源：作者自摄）

图7-12　杭州胡庆余堂老七间檐廊转角木雕
（图片来源：张建庭. 胡雪岩故居［M］. 北京：文物出版社，2003. 第89页.）

图7-13　杭州胡庆余堂老七间砖雕“吉庆有余”
（图片来源：张建庭. 胡雪岩故居［M］. 北京：文物出版社，2003. 第89页.）

形状的限制，必须采用适合被加工构件状况的纹样，称为适合纹样，如裙板采用方形或圆形图案，绦环板采用扁长形纹样，枋木采用横长连续纹样，撑拱为立柱形，采用仙人、狮子之类，枋头为端首造型，采用龙头、凤头等（图7-12）。清代在各类构件所使用的装饰题材和纹样方面基本上定型化和程式化了。

自古以来，包含建筑装饰纹样在内的所有纹样都具有一定表征的意义内涵，清代吉祥纹样除了视觉美观方面的意义，最突出的特点是图必有意，就是纹样一般都具有吉祥意念，也就是具有丰富的思想内涵，诸如幸福喜庆、富贵丰足、平安美好、长寿长乐、多子多福、升官发财、连年有余、龙凤呈祥、鲤跃龙门、凤凰戏牡丹、瓜瓞绵绵、麻姑献寿、榴开百子、喜鹊登枝、官居一品、岁寒三友、竹报平安、四君子、麒麟送子、六合同春、五谷丰登等（图7-13）。

吉祥纹样在清代非常流行，出现在建筑以及用各种材料制作的器物、产品、纺织品以及不胜枚举的装饰品上。如雕刻（木雕、石雕、砖雕）、彩画、门窗、隔断和丝织品、少数民族的织锦面料，以及陶瓷、珐琅、玻璃、金属等各种材料制成的产品和器物上的纹样，样式繁多，题材丰富。清代建筑装饰纹样题材丰富，可以说，上至天文，下至地理，无所不包，既有具象，又有抽象，不胜枚举。清代建筑装饰纹样逐渐世俗化，更加贴近生活，大多寓意祥瑞，寄托着人们美好的理想和愿望。装饰常见的题材内容有仙花芝草、花鸟鱼虫、祥禽瑞兽（龙凤、麒麟、虎、狮、羊、鹿、龟、鹤、蝙蝠等）、人物故事、山水、花鸟、如意纹、云头纹、水纹等吉祥纹样，再加上几何纹样。吉祥的意念，就是用这些具体的形象（动物或植物）或抽象的符号，通过程式化的搭配和组合，运用象征、比拟、隐喻、谐音、寓意等手法或直接用文字来表达，这样就形成了装饰纹样表现形式的程式化。吉祥的意念加上程式化的表现形式和多元化的表现手法，就构成了丰富多彩的吉祥纹样。

此外，在纹样与装修的配合中，还要考虑到隔扇、门窗的数目与纹样之间的关系。为了使应用在相同部位的吉祥图案配套相宜，成套的吉祥图案成为装饰装修的特点，因隔扇多为四、六、八等成双之数，故纹样中尤以三、四、六、八、十二、十八等数目画题为常用题材（图7-14）。如三多、三友、四季花、四友、六妍、八仙、八宝等，可分别应用在一套隔扇上。此外，尚有十二月历花、二十四番花信图案、二十四孝图、西湖十二景图等。

尽管文人参与清代室内环境的营造，但室内装饰艺术是匠人们的创造，他们自然会将自己的创作风格和欣赏倾向，也就是所谓的匠气，带入装饰艺术之中。而中国的文人历来是摒弃“匠气”的，但是在装饰艺术上，清代文人却接受了匠人的创作，比如彩画和雕刻的夸饰，还有图案的比附作用，喜欢一些寄托了吉祥、高贵、长寿等美好愿望的图形，像八宝、双钱、万字和博古等。

室内装修中大量引入了各种装饰手法和日用工艺品的装饰技术。人们在技艺创新方面无所不用其极导致对技艺的过度关注。对技艺的过度关注，使清代建筑室内环境的装饰艺术有了高度程式化倾向，技艺的高

图7-14　云南少数民族民居中成套的隔扇和装饰纹样
（图片来源：作者自摄）

度发达，又使程式化装饰艺术的水平达到高峰。

装饰的程式化有利于匠人们加工制作，这种营造观念，与现代社会中出现的“工业化生产”和多样的“装配式设计”有一定的相似之处，高度的程式化固然可以提高建造的效率和质量，但其负面作用也很明显——使建筑及室内环境营造逐渐走向僵化，更加死板，束缚了设计人员根据实际情况发挥主观能动性的作用。

尽管清代室内环境营造中的装饰艺术出现了高度的程式化倾向，但在装修细节（雕刻手法、纹样、色彩等）的处理上，由于艺术化手法的运用和市民化的影响，依然能够充分发挥匠师们的聪明才智，还能给人们时时带来惊喜。

7.3 精致与繁缛

清代室内环境营造中的装饰艺术十分发达和繁荣，各种艺术手法和工艺技术无所不用，能用者则无所不用其极，因此室内装修和器物的制作非常精致，但对工艺技术的过度追求导致过度装饰，形式烦琐。对于清代建筑室内外的装饰艺术，历来有两种不同的评价：有人认为它做工纤巧，技艺高超，丰富多彩，达到中国古典时期的顶峰；也有人认为它过度装饰，烦琐堆砌，格调低下，流于庸俗和匠气。公正地讲，在艺术水平上，清代建筑的装饰艺术确实缺乏较高的、与文人趣味契合的审美境界，但在设计和制作中把艺术和技术等同起来的做法，使得技艺愈发精绝，相应的工艺技术达到了前所未有的高度，制作水平远远超出前代，呈现出精致化的趋向，对精致的追求又使工艺技术得到进一步发展。技术和工艺上的成就，也表明统治阶层和文人士大夫生活方式精致化的趋向发展到了极致。人们在技艺创新方面无所不用其极，使材料充分发挥其性能，在人与技术之间的关系上逐渐从被动的适应转向主动的把握（图7-15）。

图7-15　北京故宫乐寿堂仙楼
（图片来源：故宫博物院古建管理处. 故宫建筑内檐装修. 北京：紫禁城出版社，2007. 第180页.）

清代室内环境营造中装饰艺术高度程式化的倾向对室内环境营造必然带来一定的影响，尤其是在宫廷建筑中，甚至出现了僵化的现象。而在民间建筑中，由于市民化、生活化的影响，而且没有约束，因此在装修细节上依然非常生动。

清中期以后，明晚期建构的文人士大夫的生活方式和情趣得到延续和发挥，再加上经济的高度发达，人们更加注重物质生活方面的享受。与那个时期人们的精神状态相同，清代的宫廷、宗教、商业、民居等建筑的室内环境营造艺术在清中期以后不同程度地失去了古典的淳朴与大气，呈现出精致化、烦琐化的特征。既没有秦汉时期的豪情，也没有盛唐时期的气概，更没有宋代阶段沉静的心灵和明代时期灵动的气质，浮躁与奢华的心态延续和强化了晚明时期商业和消费文化的特征，通过室内环境及其内含物的艺术形式表现出来。因此，室内空间的功能更加细化，空间的分隔更加精细，装饰更加精致，设计更为细腻，室内环境和器物的细节得到前所未有的关注。另外，经济的繁荣和营造工艺技术的空前发展，也使得这一时期的室内装修表现出表面化、装饰化、程式化、烦琐化和奢侈化的特征。

在政治腐败和追求享乐风气盛行的社会背景下，以文人士大夫为代表的清代统治阶层的精神状态不再积极进取而呈现出萎靡不振的趋势，而同期的市民精神却是异常的鲜活。从江南和广东等经济发达地区的民居室内环境到京城宫殿室内环境中对简素雅致的文人品位和旨趣的追求，慢慢被一种市民化了的华美繁缛的审美趣味所取代。在这种审美心理作用下，以往那种指向空灵的精神追求不见了，取而代之的是一种世俗化的、享乐性的艺术表现，如宫殿建筑及其室内环境上是极尽奢侈和烦琐之能事（图7-16），而民居建筑的室内环境却在追求奢华和精致的同时也流露出来自民间生活自然和健康的活力（图7-17）。

从民居建筑质量较高地区的室内环境营造的情况来看，清代民居的室内环境明显较明代民居的装饰意味浓重，制作更为精致和纤巧。比如

图7-16　北京故宫金漆盘龙宝座与金漆雕龙围屏
（图片来源：故宫博物院. 紫禁城［M］. 北京：紫禁城出版社，1994.）

图7-17　山西灵石静升镇王家大院高家崖凝瑞居正厅
（图片来源：庄裕光，胡石. 中国古代建筑装饰·装修［M］. 南京：江苏美术出版社，2007. 第285页.）

明代的砖雕风格较为朴素、雅拙，构图简单，少变化，强调对称，富有装饰性；而清代的砖雕风格渐趋细腻、繁复，注重情节构思，图案复杂多变，层次繁多，强调纹样的喻意象征。而清代新安画派的兴起，对徽州雕刻的影响很大，木雕中对人物的刻画细腻传神，十分繁盛[1]。安徽民居在“文革”期间破四旧的运动中遭受破坏，有一处民居的佛龛窗棂上的雕刻被人将木雕中的人头一一铲去，谁料想，在其中一个龛笼的雕刻上，外面一层人物的头虽然都没有了，而佛龛里的几个人物的头仍然存在，由此可见清代雕刻的层次之多，精致与复杂之程度，这也充分展示了那个时代工匠们高超的创作构思和雕刻技艺。

但是，过分追求雕刻的技艺使雕刻形式累加不已，也造成了清代室内环境营造艺术的繁缛之风，让人们在惊叹之际也有叹息之感，实在是为高超的技艺所累、所害，尽管细腻、精致、华美，但最终走向琐碎和繁缛。再加上已成程式化了的有各种寓意纹样，更使得清乾隆时期所形成的活泼生动之气消散于后来的繁缛琐碎和匠气之间，所以清代建筑的室内环境营造在重视装饰性审美的同时，也带来了对整体感和文人艺术品位的破坏（图7-18、图7-19）。

1. 周纪文. 中华审美文化通史（明清卷）［M］. 合肥：安徽教育出版社，2006. 第252页.

图7-18　广州陈家祠堂后进大厅木雕佛龛
（图片来源：庄裕光，胡石. 中国古代建筑装饰·雕刻［M］. 南京：江苏美术出版社，2007. 第163页.）

图7-19　北京故宫储秀宫内景
（图片来源：故宫博物院. 紫禁城［M］. 北京：紫禁城出版社，1994.）

7.4 华美与世俗

如果说简素与雅致是文人趣味的体现，华美与世俗则可以认为是市民趣味的追求。室内环境营造追求华美和世俗就是审美趣味的市民化。

室内环境营造艺术，尤其是民居建筑的室内环境营造艺术得到快速和全面发展的时期，往往是经济高度发达、思想统治相对缓和的时期。清代室内环境营造的主要成就也出现在社会相对稳定、物质相对丰富的雍乾时期。宫廷建筑可以集全国之财力和物力来兴造，无须顾及整个社会的经济状况和生产力的发展水平，但是民居建筑却不能，要有一定的物质基础和生产力水平，因而清代成了中国古代建筑发展史上民居营造质量最高和最为迅速的时期，民居同时成为清代室内环境营造艺术中有相对独立审美性的代表。清代室内环境营造的审美趣味开始走向普通大众所欣赏的华美与世俗，不仅仅因为这一时期民居建造活动的繁荣和昌盛，而是说从建筑室内环境的艺术氛围上，清代以宫殿建筑为代表的官式建筑也受到来自民间的情趣和思想意识的影响，表现出倾向于市民化的审美取向。

清代建筑室内环境营造在整体风格上是华美与世俗，其风格的形成除了古典艺术精神衰落和古典审美理想极致化的双重作用外，还有市民化的审美情趣和文人“把玩”心态的影响。清代生活实用艺术所呈现出的精致化、繁缛化倾向与法国洛可可风格的出现非常相似，有两个深层的原因：一是整个社会情神状态呈萎缩之势，人们在日益严重的社会矛盾面前，退回到自己生活的小圈子中，以享乐的生活方式满足低层次的精神追求，所以，这时的实用艺术，甚至艺术品都少有震撼灵魂的力量；二是古典和谐美已经出现僵化的趋势，提供给艺术的发展空间也已经十分有限，突破传统成为一个时代性的追求（图7-20）。

市民化的审美趣味首先影响清代建筑室内环境营造艺术的装饰性特点。比如彩画艺术，苏州彩画与民间绘画的艺术特征几乎是相同的，色彩浓艳，人物形象圆润柔美；传统故事、戏文故事、民间传说等成为彩

图7-20　清代多宝格式插屏钟
（图片来源：故宫博物院. 故宫钟表［M］. 北京：紫禁城出版社，2008. 第67页.）

画的题材；造型上追求逼真的形象，生活气息浓郁。再比如雕刻艺术，除了出现人物、故事等写实题材之外，传统的梅兰竹菊等精神象征的纹样也表现出写实的风格，栩栩如生，精致优美，多了一些情趣和把玩，却少了精神的力度和人格的力量（图7-21）。清代生活的精致化、室内环境营造艺术烦琐化、艺术形象的柔美化和世俗化正是这种过分追求享乐之后精神萎靡的外在表现。少了唐人的豪迈、宋人的深刻、明人的灵动，清代时期所剩下的就只有精致、柔美、世俗和琐碎了（图7-22）。

与宫殿等官式建筑相比，民居建筑中少了一些官式建筑的条条框框，更富创新性。虽然整体风格是拘谨的、严整的，但在细节上却清新灵气，富有韵味。彩画、雕刻等装饰在艺术表现上，多了一些随意的创

图7-21　福建闽侯上街将军庙戏台
（图片来源：庄裕光，胡石. 中国古代建筑装饰·装修［M］. 南京：江苏美术出版社，2007. 第290页.）

图7-22　清代双童托紫檀多宝格表
（图片来源：故宫博物院. 故宫钟表［M］. 北京：紫禁城出版社，2008. 第98页.）

造而少了一些刻意的做作。装饰题材丰富多样，叙事生动有趣，造物则形象逼真，人物形象透着浓厚的世俗气息，花鸟形象更是一片生机盎然。应该说这种表现风格是自然、健康、明朗和积极向上的，符合了市民开放、向上和富足的心态，与文人们所倾心的空灵孤寂的艺术形式表现相比，透着一种充盈和现实的美感。

家具、工艺美术品、车轿、服饰、饮食这些在今天被作为审美文化的对象来看待的器物或产品，它们的出现和存在事实上最初是一种正常的社会物质需求，因为所有这些都是以实用为主，而不是以审美为主，它们本身所含的审美价值往往是在实用价值得到实现和满足之后才会逐渐显露出来。不过，清代时期又有所不同，由于经济生活的活跃、生产技术的提高和人们审美能力的增强，有意识的审美活动已经开始深入到生活的实用层面，人们开始精致化和艺术化的生活。所以，实用与审美价值并重的现象在明代就已经出现，到了清代对审美的追求超过实用价值的现象更为突出。比如工艺品，最早的工艺品出现时纯粹是一种实用产品，而非艺术品，后来人们在上面做一些装饰、雕刻或绘画，事实上

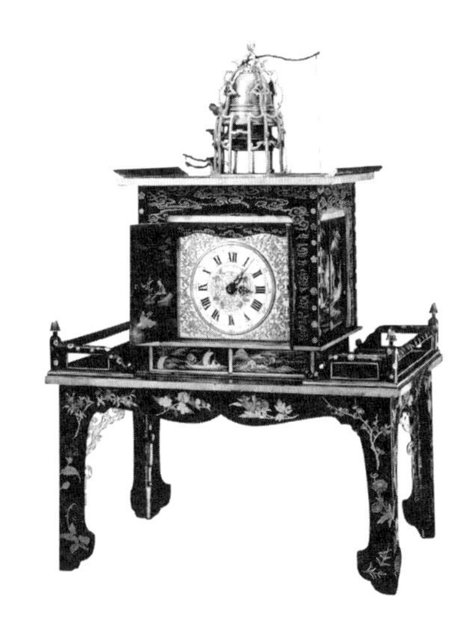

图7-23　清代黑漆描金木楼钟
（图片来源：故宫博物院. 故宫钟表［M］. 北京：紫禁城出版社，2008. 第53页.）

图7-24　清代刺绣眼镜盒
（图片来源：黄能馥. 中国美术全集·卷42·工艺美术编·印染织绣（下）［M］. 北京：文物出版社，1987. 第144页.）

最初是为让这些东西美起来，而且借此表达人们对生命的理解。这种最古老的艺术精神，后来发展为多种纯艺术形式，比如绘画艺术。然而，工艺品自身的装饰工艺却随着其他艺术形式的独立而逐渐远离了精神追求，向低层次的心灵满足和表面化的物质享受方面发展。到清代，这种倾向已经定型。

清代的经济发展刺激到物质的消费，带动实用工艺品的繁荣，再加上技术的保障，出现技艺精湛、做工考究的工艺品也是必然的现象（图7-23），社会消费层面的工艺品创作也发展到了登峰造极的地步。宫廷御用、出口和社会的大量需求，工艺品的审美趣味必然受到商品规模生产、市场价值的制约，供宫廷、贵族、官僚、地主、商人、市民享用的工艺产品呈现出类似于欧洲洛可可的艺术风格，再加上技艺的炉火纯青和工艺的精益求精，清代时期的工艺品整体出现了华美、精致、纤巧、富丽、俗艳、繁缛、矫揉造作等审美特征。一方面实用与审美并举，更完善地结合；另一方面忽视实用，出现典型的夸饰现象，模糊了艺术品与工艺品之间的界限，有时工艺品甚至成为一种纯粹的艺术品。清代的工艺品也成了艺术化的日用品和大众化的艺术品的一种代表形式（图7-24）。

7.5 室内环境营造的整体意识

7.5.1 室内环境营造中的配套设计

在清代的室内环境营造中，往往将家具和陈设品作为室内环境营造的一个组成部分，与室内界面的装修一同考虑。根据建筑物进深、开间和使用要求，确定家具的种类、式样、尺度等，进行成套的设计和配置。小说《红楼梦》中的描写为配套设计的理念做了最为生动和形象的诠释。《红楼梦》第十七回《大观园试才题对额荣国府归省庆元宵》中，描写贾府为迎接元春归里省亲，宁荣两府忙碌改造扩建大观园。有一天，贾政带领府内众清客游览大观园，并为园中景点题额。贾政与众人在行进间，"忽抬头见前面一带粉垣，数楹修舍，有千百杆翠竹遮映，众人都道：'好个所在！'于是大家进入，只见进门便是曲折游廊，阶下石子漫成甬路，上面小小三间房舍，两明一暗，里面都是合着地步打的床几椅案。"[1]文中"合着地步打的"就是根据室内空间环境的大小和特点进行设计、制作和配置家具。家具的形制、尺度、样式都受空间的功能和形式的约束，家具的设计配置与室内环境营造紧密地结合在一起。小说中接下来有这样一段对话，贾政"问贾珍道：'这些院落屋宇，并几案桌椅都算有了。还有那些帐幔帘子并陈设玩器古董，可也都是一处一处合适配就的么？'贾珍回道：'那陈设的东西早已添了许多，自然临期合式陈设。帐幔帘子，昨日听见琏兄弟说，还不全；那原是一起工程之时就画了各处的图样，量准尺寸，就打发人办去的；想必昨日得了一半。'"[2]由此可见，在权贵的府邸中，除了家具要与室内环境营造成套设计匹配外，其他陈设品也都是要与室内环境整体配套设计和定制的。权贵的府邸都已如此，皇室宫廷自不必说，就连普通民宅的室内环境也都是在经济允许的范围内尽可能地整体配套（图7-25）。"兴造一事，则必肖人之堂以为堂窥人之户以立户，稍有不合，不以为得，而反以为耻。"[3]清代模仿之风的盛行必然使配套设计的整体意识进入寻常百姓家。

1.［清］曹雪芹，高鹗. 红楼梦（第一册）［M］. 3版. 北京：人民文学出版社，1964. 第196页.
2.［清］曹雪芹，高鹗. 红楼梦（第一册）［M］. 3版. 北京：人民文学出版社，1964. 第197页.
3.［清］李渔. 闲情偶寄［M］. 北京：作家出版社，1995. 第167页.

图7-25　苏州拙政园三十六鸳鸯馆北厅内景
（图片来源：黄明山. 意境山水庭园院［M］. 台北：光复书局，1992. 第19页.）

7.5.2 室内环境营造的整体意识

室内环境营造艺术作为一个系统、整体，是由许多具有不同功能的单元体组成的，每一种单元体在功能语义上都有一定的含义，这众多的功能体巧妙地衔接、组合，形成一个庞杂的体系——有机的整体，这就是室内环境营造的整体性。清代室内环境营造的配套设计就是今天所谓的整体意识。

清代室内环境营造艺术由具体的要素构成，如空间、界面装修、陈设艺术品、家具等。室内环境营造艺术最后给人的整体效果，绝不是各种要素简单、机械累加的结果，而是一个各要素相互补充、相互协调、相互加强的综合效应，强调的是整体的概念和各部分之间的有机联系。从清代室内环境营造艺术中，可以看到室内环境的各组成部分除了具有使用功能外，还是人的精神、情感的物质载体，它们一起协作，加强了环境的整体表现力，形成某种氛围，向人们传递信息，表达情感，进行

图7-26　山西祁县乔家大院宪第喜堂内景
（图片来源：庄裕光，胡石．中国古代建筑装饰·装修［M］．南京：江苏美术出版社，2007．第140页．）

对话，从而最大限度地满足人们的心理需求。因此，对于清代室内环境营造艺术的“美”的评判，不要被局部琐碎的细节所干扰，要关注构成室内环境各要素共同营造的整体效果，而不是各部分“个体美”的简单相加。“整体美”来自各部分之间关系的和谐，尽管在细节上繁缛或琐碎，乃至匠气，但清代室内环境营造对“整体性”的追求，就是对室内环境营造艺术组成要素之间和谐关系的追求，可以在一定程度上掩盖这些缺憾。

清代室内环境营造和陈设品的设计中存在过度关注局部和刻意追求技艺的做法，尽管人们有意识地追求整体协调，但细部的琐碎必然对整体感造成一定的破坏（图7-26）。因此，必须充分认识局部和整体的关系，给予两者同等的价值，要辩证地看待两者之间的关系，在实际创作中把握适当的“度”，既不能不重视，也不能过分重视。另外，还要以运动和变化的方式看待整体和局部，今天的空间变化比以往任何时候都要复杂、丰富，这种多层次、多角度的相互穿插、更迭，使得整体和局部之间的界线愈来愈模糊，在特定条件中，局部可转化为整体，整体也可以转化为局部。

7.6 室内环境营造的人文关怀

室内环境，作为人类生存的空间，与人们的生活息息相关。室内环境的形成和存在的最终目的是为人提供生存和活动的场所。人是室内环境的主体，室内环境营造的中心便是人。以往，受到客观条件的限制和制约，室内环境营造停留在满足基本需要的低层面上，只注重实体的创造，对环境的主角——人的存在关注得不够深入。匠师们的注意力全部集中在满足人的基本需求和界面的处理上，而很少研究人的心理感受。然而晚明以后人性的回归，使清代室内环境营造不仅将环境中的实体要素作为审视的对象，而且逐渐关注到环境的使用者——人。人们已不仅仅满足于物质条件方面的提高，精神生活的享受越来越成为人们的重要追求。室内环境营造的发展也从满足人们基本的生理需求转向更高层次的心理需求。室内环境营造面对人们现实的种种需求，最大限度地适应人们的生活，从而使室内环境营造和当时人们的实际生活更加贴近。

7.6.1 室内环境营造中的人文意识

清代经过近百年的发展，到乾隆年间社会经济进入鼎盛时期。丰盈的社会财力支持，崇尚奢靡的社会氛围，成为文人士大夫滋生遂情达欲观念的温床。文人由于具有很高的文化修养，同时还有充裕的时间和优渥的物质条件，因此清中期的文人士大夫可以用艺术审美的眼光细腻地感受日常生活，体验花草树木琴棋书画中的诗意与禅悦。在文人的影响之下，民风逐渐向奢靡享乐方面发展。从皇帝、八旗贵族到中小地主、富商巨子，皆追求锦衣玉食、楼台房舍的生活享受，所以这时的园林、室内环境、日常工艺用品都十分精致，充满文人趣味。室内环境营造中的人文意识到了清代中期发展到了中国封建社会顶峰。这促使室内环境营造的审美重心从审美客体（室内环境）转向审美主体（人），认识到在以人为主体的营造观下，人的生理、心理需求的满足构成了室内环境营造审美的美感，如在高大的室内空间中仙楼的使用就是充分考虑了人的生理和心理需求（图7-27）。

相对于其他类别的艺术（如绘画、雕塑等），生理上的舒适是室内环境美感的一大特点，这是其他艺术难以比拟的，因而生理需求（健康要求、人体尺度要求等）的满足在室内环境审美中具有远远超出其他艺术审美的重要价值。但是也应看到，任何艺术总是以满足心理、精神的需求（“愉悦性”心理需求和“情思性”精神需求）为最高目的，尤其是在人们审美意识普遍提高的情况下，人们已不满足于室内环境中的生理舒适快感，而将审美热情更多地倾注于在室内环境中获得心理上的“满足感”，更看重室内环境中所蕴含的文化意蕴，情感深度等，从中获得更慰人心的精神享受。

7.6.2 室内环境营造中的大众意识

清中期以后，在奢侈消费社会风气的影响下，人们追求奇、异、新、怪的服饰、新鲜精致的饮食、豪华舒适的居所、纸醉金迷的游乐，以及便利、华丽的出行方式和设施。“原其始，大约起于缙绅之家，而婢妾效之，寖假而及于亲戚，以逮邻里”[1]，即便是商贩、工匠、脚夫等小民之辈，也纷纷效仿。士大夫府邸自不必言，就连普通百姓也受到这种风气的诱惑，即便不扩建住宅，也往往在宅居内部花费千金来装饰和陈设（图7-28），公共场所更是如此，如会馆、客栈等。

商业化和消费文化的高度发达使清代的室内设计营造呈现出大众化和为日常生活服务的设计理念，尊重个体生命的多层次情感需求。除了关注生存的舒适性以外，即便是有附庸风雅之嫌，几乎所有的人也都会关注生存的精神体验和文化韵味，这也是那个时代所特有的特征。

1.［清］叶梦珠. 阅世编. 卷8. 内装. 上海：上海古籍出版社，1981. 第178页. 转引自：巫仁恕. 品味奢华——晚明的消费社会与士大夫［M］. 北京：中华书局，2008. 第317页.

图7-27　北京故宫坤宁宫仙楼
（图片来源：故宫博物院古建管理处. 故宫建筑内檐装修［M］. 北京：紫禁城出版社，2007. 第173页.）

图7-28　北京四合院的内景
（图片来源：北京美术摄影出版社. 北京四合院. 北京：北京美术摄影出版社，1999.）

李渔认为："人无贵贱，家无贫富，饮食器皿，皆所必备。"因此可以这样认为，在民间设计师的眼中，设计应该为所有的人服务。同时，室内环境的营造和器物的制作不会因使用对象而有高低贵贱之分，只有精致和粗糙之别。"然而粗用之物，制度果精，入于王侯之家，亦可同乎玩好；宝玉之器，磨礱不善，传于子孙之手，货之不值一钱。知经粗一理，即知富贵贫贱同一致也。"[1]

"凡人制物，务使人人可备，家家可用，始为布帛菽粟之才，否则售冕旒而沽玉食，难乎其为购者矣。故予所言，务舍高而求卑近。"[2] 足可以说明清代室内环境营造和器物制作的大众意识。

室内环境营造活动中对实用性的关注也是大众意识的一种体现。李渔认为："窗棂以透明为先，栏杆以玲珑为主，然此皆属第二义；具首重者，止在一字之坚，坚而后论工拙。"[3] 这里实用性应该是居于首位的，

1.［清］李渔. 闲情偶寄［M］. 北京：作家出版社，1995. 第220页.
2.［清］李渔. 闲情偶寄［M］. 北京：作家出版社，1995. 第221页.
3.［清］李渔. 闲情偶寄［M］. 北京：作家出版社，1995. 第176-177页.

与古罗马建筑师维特鲁威（Marcus Vitruvius Pollio）提出的“坚固、实用、美观”建筑三要素有异曲同工之妙。“居宅无论精粗，总以能避风雨为贵。常有画栋雕梁，琼楼玉宇，而止可娱晴，不堪坐雨者，非失之太敞，则病于过峻。故柱不宜长，长为招雨之媒；窗不易多，多为匿风之薮；务使虚实相半，长短得宜。”[1]

此外，室内环境营造活动中对勤俭节约的关注也是大众意识的另一种体现。李渔自己就非常反对奢侈浪费，他认为即便是殷实之家，也应该节制。“土木之事，最忌奢靡。匪特庶民之家当崇俭朴，即王公大人亦当以此为尚”[2]即是此意。

7.6.3 室内环境营造的人文关怀

清中期以后，经济高度发达，室内空间的功能更加细化，空间的分隔更加精细，装饰更加细腻精致，室内环境和器物的细节得到前所未有的关注，以满足人们更高的物质和精神需求。

1. 空间功能细化

清代建筑的室内环境营造中，空间的类型非常丰富，主要有厅堂空间、寝卧空间、书房空间，以及其他诸如厨房、卫浴等辅助功能空间（图7-29）。作为内檐装修和分隔空间的主要构成要素，罩槅在室内空间环境中的使用非常灵活、多变，可以根据功能需要营造出轮廓曲折、变换扑朔的空间，碧纱橱、奥室和仙楼空间在清代已十分常见。即便在普通人家的住宅中，随着人们生活内容的日益丰富和精神要求的不断提高，居室环境中也远非一具床榻、一张桌案、一把座椅所能满足，而需要根据不同的活动内容和使用要求提供不同的功能空间。

2. 空间营造手段丰富

有人认为：“中国古代的小木装修到明代已臻于高度成熟，清代只是在明代基础上的继承，已无多大差异。”[3]但就隔断形式而言，清代用来营造空间的手段有很大的发展，更为丰富多样，在装饰和工艺上更是

1.［清］李渔. 闲情偶寄［M］. 北京：作家出版社，1995. 第170页.
2.［清］李渔. 闲情偶寄［M］. 北京：作家出版社，1995. 第168页.
3. 潘谷西. 中国古代建筑史（第四卷）［M］. 北京：中国建筑工业出版社，1999. 第515页.

图7-29　浙江平湖市城关镇莫氏庄园厨房
（图片来源：刘森林. 中华陈设——传统民居室内设计［M］. 上海：上海大学出版社，2006. 第75页.）

图7-30　河北承德避暑山庄乐寿堂博古架
（图片来源：庄裕光，胡石. 中国古代建筑装饰·装修［M］. 南京：江苏美术出版社，2007. 第292页.）

远远超越前代。譬如，清代出现的碧纱橱和博古格就是其中典型的代表（图7-30）。

清代内檐装修的罩槅到清中期得到了完善和定型，室内隔断的形式非常多样化，能满足多样化的需求。在《工部工程则例》中明确记载的罩槅就有：碧纱橱、博古格、落地明、飞罩、门罩头、支窗、槛窗、推窗、方窗、圆光窗、什锦窗、门口（夹层落堂如意瓶式、圆光式、券洞式等）、单扇抹头推门、栏杆（琵琶式、踢脚式、汉文式、笔管式、西洋宝鼎头式等）、挂檐板、地平床、床挂面、围屏等。参照清代中期内务府档案的记载，还有曲尺壁子、栏杆罩、落地罩、床罩、开关罩、壁子门、冰纹窗、大玻璃窗、暖床、抽屉床等[1]。其中既有完全封闭性的隔断墙，也有不完全封闭的半隔断或活动性的隔断。这些隔断，既能分隔空间和通风采光，又能起到装饰美化室内环境的效果。从使用的材料来看，有砖、织物、竹、木等，其中应用最广、变化最多、成就最大的要数木质隔断（图7-31）。

隔扇，只是这类隔断中最常用的一种。隔扇与格子门在形式上是统一的，隔扇的做法分二抹、三抹、四抹以及六抹。隔扇的上半部是隔

1. 刘畅. 慎修思永——从圆明园内檐装修研究到北京公馆室内设计［M］. 北京：清华大学出版社，2004. 第99页.

图7-31　上海豫园和熙堂
（图片来源：庄裕光，胡石. 中国古代建筑装饰·装修［M］. 南京：江苏美术出版社，2007. 第278页.）

心，隔心的做法千变万化，有镂空的，也有实心的，木雕与其他多种工艺（雕刻、绘画、镶嵌等）结合在一起，异彩纷呈。镂空的隔心能让光线透过，人的视觉不会被完全隔断，内外空间形成一定的渗透和呼应。隔扇的下半部是裙板，中部为绦环板，简单的绦环板多为素面，讲究的都雕刻纹饰，样式丰富，典雅美观（图7-32）。

3. 关注细部的设计

功能决定了细部，功能的要求导致了细部的产生；而美学的要求又使细部进一步演化和发展。细部先是以功能性的形式出现，初始比较简陋，但在而后使用的过程中逐渐丰满和完善，直至定型。例如，明式家具的设计就十分关注细节，椅子的靠背板就是根据人体脊柱的侧面在自然状态下呈现的S形，做成相应的曲线形式，功能和审美在细节上结合得完美无缺。

清代的设计师继承了明代匠师们的传统，在室内环境的营造和器物

图7-32　天津杨柳青石家大院学堂院碧纱橱
（图片来源：庄裕光，胡石. 中国古代建筑装饰·装修［M］. 南京：江苏美术出版社，2007. 第233页.）

的制作中从生活和人自身出发，事无巨细，以简便实用的方法处理身边的营造问题，即便是人们“隐私”这类日常生活中的小事，李渔也考虑得十分周到：“当于书房之旁，穴墙之孔，嵌以小竹，以遗在内而流于外，秽气罔闻，有若未尝溺者，无论阴晴寒暑，可以不出户庭。”[1]

清代寝卧空间的床上常用床帐，即便是用绫罗绸缎做成的，也常常无法保持清洁，帐上经常沾染上女人的“膏沐之痕”和男人的“脑汗之迹”，日常日久，“无暇者玷而可爱着憎矣”。李渔为此发明了“着裙之法”：“欲令着裙，先必使之生骨，无力不能胜衣也。即于四竹柱之下，各穴一孔，以三横竹内之，去簟尺许，与枕相平，而后以布作裙，穿于其上，则裙污而帐不污，裙可勤洗，而帐难频洗故也。”[2]

1.［清］李渔. 闲情偶寄［M］. 北京：作家出版社，1995. 第174-175页.
2.［清］李渔著. 闲情偶寄［M］. 北京：作家出版社，1995. 第230页.

第 8 章

风行与失色
——清代时期欧洲室内环境营造中的中国趣味

中国趣味也称中国风格，是17和18世纪在欧洲的室内装饰、家具、陶瓷、纺织品、园林设计方面所表现出的对中国风格的奇异的欧洲化理解。中国趣味的出现是促进欧洲室内环境营造从巴洛克风格（Baroque）向洛可可风格（Rococo）转变的一个因素，而洛可可作为一个时代的艺术风格和生活模式，其中蕴含着的中国元素又成为知识界以外的欧洲普通民众了解和认识中国的媒介。中国趣味的形成得益于中国商品大量出口到欧洲和耶稣会士、旅行家们对中国文化的反复介绍，欧洲人从中国物品上的图案和到过中国的人的描述中，根据自己的理解通过想象而幻化出中国的形象。

欧洲的中国趣味在18世纪中期达到高峰，但早在16世纪葡萄牙商人开始将中国的瓷器、漆器等物品，以及中国画、雕刻等艺术品运销欧洲时就已经萌芽了，中国趣味在欧洲室内环境营造中的影响大约持续了两个世纪。

8.1 中国趣味的概念

与中国趣味对应的英文单词是Chinoiserie，源自法语，因此可以断定中国趣味必然在法国兴盛和发达，而后波及欧美的其他国家和地区（图8-1）。

《新英汉词典》中把“Chinoiserie”一词解释为：“（服装、装饰、建筑物等的）中国艺术风格；具有中国艺术风格的物品（图案）。”[1]

在《不列颠百科全书》中，“中国趣味”一词的意思是：①主要是

1. 上海译文出版社. 新英汉词典[M]. 上海：上海译文出版社，2000. 第213页.

图8-1　法国画家布歇作于1742年的油画《梳妆》局部
（图片来源：［法］约翰·怀特海. 18世纪法国室内艺术［M］. 杨俊蕾译. 桂林：广西师范大学出版社，2003. 第45页.）

图8-2　来自清王朝的壁纸
（图片来源：［法］约翰·怀特海. 18世纪法国室内艺术［M］. 杨俊蕾译. 桂林：广西师范大学出版社，2003. 第194页.）

指，18世纪欧洲出现的一种装饰风格潮流，以复杂的图案为特征；②是指用这种风格装饰的物品，或采用这种风格的实例。中国趣味是西方审美中最雄厚、最持久的体系之一，而且它影响到了各个领域，包括舞台装置与设计、家具设计、公园的时事讽刺剧、餐具和纺织面料设计。[1]

欧洲人所理解的中国趣味基本都是表面化和片断式的，对这些物化的形象背后的文化等几乎一无所知。欧洲人所追求的中国趣味与中国的文化、社会、伦理道德、政治、历史、民俗风习、语言文字等相比是非常形而下的东西，归结起来反映了欧洲人在日常生活中对新鲜事物和异国情调的追求，其直接的感性认识就来自从中国进口的各种商品、艺术品和工艺品，来自于陌生国度的瓷器、漆器、织物、壁纸（图8-2）等日常生活用品的造型和绘饰的图案，以及艺术品无不令欧洲人耳目一新。这实际上与中国最初认识和了解欧洲的情形是极为相似的，只不过在同

1. 方海. 现代家具设计中的中国主义［M］. 北京：中国建筑工业出版社，2007. 第1页.

时期的中国欧洲趣味只是少部分人能感受到的，由于文化、政治等多方面的原因，欧洲趣味在中国没有形成一定的能够影响整个风气的环境和氛围。清代皇帝在圆明园中修建西洋楼实际上就是猎奇、满足新鲜感和追求异国情趣的需要。

8.2 中国趣味的缘起

中国趣味起源于欧洲对遥远、陌生、神秘的国度——中国的想象。中国趣味的确是件非常奇妙的事，它的灵感完全是源于整个东方在欧洲形成的一种风格样式，而不仅仅是源于中国，只不过其他地区（印度、日本等）经常被研究者忽视。真正的中国趣味并不是对中国对象浅薄和片面的模仿，应该是欧洲对中国这块充满想象的土地真切实在的感知和认识：一个具有异国情调的、遥远的国家，传说中的富有、经历数个世纪仍充满神秘色彩，固执地将外国人拒之门外。

中国商品使欧洲人的艺术和审美进入一个完全不同的、全新的、令人充满惊奇和幻想的境地，像是为欧洲人打开了一扇追求生活的享乐和快乐之门，因此大受欢迎。17世纪末的一位作家曾在《世界报》（*World*）上说，中国壁纸在豪宅中极为流行，这些宅邸的房间墙上贴满最华丽的、充满情趣的、来自中国和印度的壁纸，上面满满描绘着无数个根本不存在、完全想象出来的人物、鸟兽、鱼虫的形象（图8-3）。18世纪初，中国丝绸也已在英国蔚为风尚，公众的审美观由东印度公司进口的商品所引导，连当时的安妮女王也喜欢穿着中国丝绸和棉布制成的衣物露面，可见中国趣味影响之深广。

来自中国的商品俘获了欧洲顾客的人心，本地的生产者和经销商自然不甘寂寞，出于产品竞争的考虑或借助时尚获利的考虑，开始模仿中国的橱柜、瓷器（图8-4）、绣品上的装饰风格，这便产生了中国趣味。中国趣味的审美迅速普及并影响到从室内到刺绣这些装饰艺术的每一个角落。这些并非完全模仿中国趣味的产品反过来也刺激了中国自身产品

图8-3　18世纪中期法国制作的丝绸绘画壁纸充满了对中国的想象（图片来源：[法] 约翰・怀特海. 18世纪法国室内艺术 [M]. 杨俊蕾译. 桂林：广西师范大学出版社，2003. 第46页.）

图8-4　1730年制作的存放柜（图片来源：[法] 约翰・怀特海. 18世纪法国室内艺术 [M]. 杨俊蕾译. 桂林：广西师范大学出版社，2003. 第185页.）

的生产，英国东印度公司在17世纪末就已经让中国的工匠加工一些具有欧洲风格图案的瓷器，以迎合欧洲顾客，而英国公司将家具运到中国进行表面大漆处理的做法在18世纪初期达到顶峰。这些带有中国人艺术观感和手法的欧式图案，与那些在欧洲生产的烙刻欧洲趣味的所谓中国图案，都是为了迎合欧洲人的喜好而诞生的，都是文化混合、交融和变异的结果（图8-5、图8-6）。

此外，掀起中国热的，还有欧洲的商人、使节和传教士们寄送回去的书面报告和出版的各种著述。起初是意大利、荷兰和葡萄牙传教士的，而后是法国传教士。1685年，路易十四派了6名耶稣会士赴北京，其

图8-5　18世纪中期的抽屉漆柜
（图片来源：[法] 约翰·怀特海. 18世纪法国室内艺术 [M]. 杨俊蕾译. 桂林：广西师范大学出版社，2003. 第189页.）

图8-6　1765年制作的法国橱柜，柜门的面板上是中国式的浅浮雕
（图片来源：[法] 约翰·怀特海. 18世纪法国室内艺术 [M]. 杨俊蕾译. 桂林：广西师范大学出版社，2003. 第56页.）

中5名到达，组成传教会。他们受到康熙皇帝和上层人士的礼遇，广泛而相当深入地接触了中国的各个方面。在书写的大量报告中，他们详细描写了中国的地理历史、政治军事、民情风习、方物特长，也描写了中国的建筑和园林。这些报告都及时汇集出版，而且翻译成各种文字。1697年，其中一名传教士白晋（Joachim Bouvet，1656-1730）回国，在巴黎举办了一个中国文物展，轰动一时。[1]

商品和报告中的异国情趣必然对当时追求新奇、标榜自然的法国人产生影响。到18世纪中叶，法国的启蒙主义思想家们，以伏尔泰（F. M. A. de Voltaire，1694-1778）为代表，对中国文化怀有浓厚的兴趣和崇高的敬意，并渴望了解。卢梭（Jean Jacques Rousseau，1712-1778）和狄德罗（Denis Diderot，1713-1784）又竭力推崇自然的美和它的道德含义，于是法国文化中的中国热又掀起了新的高潮，并有了新的含义，影响逐渐波及整个欧洲。

8.3 中国趣味的传播

最早向欧洲介绍中国的人，可以追溯到马可·波罗（Marko　Polo，

1. 陈志华. 中国造园艺术在欧洲的影响 [M]. 济南：山东画报出版社，2006. 第15页.

约1254-1324），他在游记中对在中国的所见所闻进行了描述。

16世纪末，利玛窦（Mathieu Ricci，1552-1610）来到中国，长期为明宫廷服务，他的同伴金尼阁神父（Nicolas Trigaut/Trigault，1577-1628）根据他们在中国的活动写了一本书《基督徒中国布教记》（*Histoire de l'expédition Chréstienne en la Chine*，1618）。1655年出版了意大利传教士卫匡国神父（Martino Martiti，1614-1661）的《中华新图》（*Novus Atlas Siensis*）。荷属东印度公司在1655年派了一位使节来到北京，随员纽浩夫（Johan Nieuhoff，1618-1672）写了一本详尽的记事报告（*L'Ambassade de la Compagine Orientale des Provinces Unis vers l'Empereur de la Chine*），于1665年出版，随后被翻译成各种文字，在欧洲广为流传。1668年，耶稣教会葡萄牙人安文思（R. P. Gabriel de Magaillans，1609-1677）写了一本《中华新记》（*Nouvelle Relation dela Chine*），法译本1690年出版。路易十四派遣来华的耶稣会士李明（Louise Le Comte，1655-1728），在《中国现状新志》（*Nouveaux memoires l'état de la Chine*，1796）中详细地描述了中国的城市、建筑和园林。以上只是这个阶段著述的一部分，此外，意大利传教士马国贤（Matteo Ripa，1682-1746）、德国人斐舍（Johann Gerhardt Fischer von Erlach）、荷兰人冈帕菲（Engelbert Kaempfer，生卒年不详）、法国人杜赫德神父（Jean Baptiste Du Haldel，1674-1743）、法国人王致诚神父（Jean-Denis Attiret，1702-1768）等都有关于中国的著述。

这些商人、使节和传教士的著述，再加上中国的各种艺术品和商品，成为欧洲人认识和了解中国的媒介，尽管可能是零碎、片断和表面化的，但足以吸引人们对中国趣味的关注和仿效。

大体而言，较早大量使用中国器物的欧洲国家也较早开始出现中国趣味，17世纪前几十年先是英国和意大利的工匠模仿中国趣味，然后其他国家的工匠纷纷效仿。先是工艺品和日常用品等小物品的仿制，如制造瓷器、丝绸、壁纸；进而是室内装饰与园林设计这些大工程，诞生了风靡一时的“英华园林”，并在今天留下了许多建筑实物。

17世纪下半叶以来，中国的绘画、瓷器、漆器、壁纸、年画、刺绣、绸缎、服装、家具等在法国的造型艺术、工艺美术、建筑装饰、室内环境营造、家具设计、陈设品、纺织面料中发生了影响。在法国出现了仿制中国工艺品的热潮，因为它们已经成为“上流社会”的标志，瓷器、漆器、刺绣、壁纸、地毯、家具等，不但在款式上模仿中国，就连上面的装饰画也模仿中国（图8-7），画上有仕女、官吏、隐士，甚至有孙悟空和他的儿郎们。作为这些人物的活动天地，除了山水之外，就是花园和建筑物。[1]

图8-7　布歇设计的《中国挂毯》五件套中的《中国花园》
（图片来源：[法] 约翰·怀特海．18世纪法国室内艺术 [M]．杨俊蕾译．桂林：广西师范大学出版社，2003．第208页．）

1. 陈志华．中国造园艺术在欧洲的影响 [M]．济南：山东画报出版社，2006．第13-14页．

室内环境营造中的中国趣味最早出现在法国，并在17世纪末得到很好的发展。最早出现的内部装饰主要为中国趣味的建筑是1670-1671年为凡尔赛王宫而建造的特里亚农瓷宫（Trianon de porcelaine），尽管它只存在了17年就被拆除，却意味着对中国趣味的追求后来成为席卷法国而后又迅速蔓延全欧洲的崇尚异国情调的风习。特里亚农瓷宫建成之后，这种风气迅速扩散，在德国尤甚，其宫室无不建有中国屋，而且一如特里亚农瓷宫建造的初衷，这些中国屋也都是为王室的女主人而建。1687年，朱勒斯・哈都因・曼萨特（Jules Hardouin Mansart，1619-1690）用今天所能见到的伟大特里亚农瓷宫替代了路易斯・勒・沃（Louis Le Vau）设计的特里亚农瓷宫。

让・伯雷（Jean Berain，1640-1711）和克劳德・奥德朗（Claude Audran，1657-1734）的雕版图对传播怪异装饰的新风格非常有利。从这些奇异风格中又出现了许多类型，成为这个阶段优秀室内营造作品的基础：自然主义的植物和花，展开的蝙蝠翅膀，有花纹的圆雕饰（常放在墙的中央或门嵌板的中央），贝壳、花和蔓叶饰及垂花饰，甚至还有波纹图案。这两位设计家在设计中还引进了中国题材和幽默的猴子图案，用于室内环境的装饰中，其中最著名的是1735年为孔代亲王（Prince de Condè）在尚蒂利（Chantilly）府邸一个房间中设计的滑稽猴图案——一群猴子穿着中国服装兴高采烈地嬉戏，由奥德朗的合作者克利斯托夫・胡特（Christophe Huet）完成。18世纪早期，中国时尚在洛可可的影响之下迅速传播开来。龙、异国岛、独特装束的中国人物等图案出现在墙面、纺织品、家具和陶瓷上，有时整个房间都用中国风格来装饰。胡特和让・皮勒曼特（Jean Pillement，1728-1808）的设计被整个欧洲效仿，皮勒曼特的影响最大，在他的影响下，洛可可的中国装饰常被称为皮勒曼特风格。由瓦托（Watteau）、布歇（Francois Boucher，1703-1770）、皮勒曼特领导的法国装饰设计学派在中国趣味的洛可可阶段发展中起到了重要的作用。这种风格迅速风靡法国，特别是J・B・杜哈德（J. B. du Halde）对介绍中国所做的精细工作——一本旅游手册的编撰，手册于1735年在巴黎出版，后来被翻译为英语，在英国的迅速流传刺激了英国人对中国的兴趣。

大约在18世纪中叶，英国出现了中国趣味的广泛复兴，并在18世纪60年代达到鼎盛。当时评论这场流行风暴的英国报纸称，每件东西都是中国的或具有中国趣味的。这种装饰时尚特别明显地表现在椅子、桌子和镜子的装饰细节上，和绘有中国风景、人物、花鸟图案的纺织品和壁纸上。著名的英国建筑师威廉·钱伯斯爵士（Sir William Chambers，1726 - 1796）在推广中国趣味上做出了贡献。钱伯斯曾到东方旅游，对中国的建筑、家具、纺织品、园林等有直观的感受，回到英国后，1722年出版《东方花园的论述》（*A Dissertation on Oriental Gardening*），1757年出版《中国的建筑和家具设计》（ *Designs of Chinese Buildings and Furniture* ）。

中国时尚在英国建筑中普遍表现在室内装饰上，在府邸中可能会有一间或几间房间装饰有中国趣味的壁纸和在雕刻细节和绘画装饰上表达出一种东方趣味的木制品。18世纪前在英格兰兴起了另一种中国风格的复兴。18世纪的中国风格复兴和英国摄政期间的风格是一致的，部分原因是受到威尔士亲王的影响，他在卡尔顿皇家别墅有一间画室，后来在布莱顿皇家别墅也有一间，他都采用了中国风格的装饰（图8-8）。在这段时间，许多设计师和学者都出版了关于中国风格设计的图集。其中奇彭代尔（Chippendale）是最著名的一位。1754年，奇彭代尔出版了最著名的《绅士和家具木匠指南》（*Gentleman and Cabinet Maker's Director*），书中将中国风格列为当时英国三种最重要和流行的设计风格之一。

洛可可在英国产生了两种室内环境营造的风格——中国艺术风格和哥特风格。中国艺术风格通常局限于室内细节或有时是整个房间用中国壁纸，而哥特风格在1742年巴蒂·朗格利（Batty Loughery）的《改良

图8-8　英国布莱顿皇家别墅
（图片来源：[法]约翰·派尔. 世界室内设计史（第二版）[M]. 刘先觉，陈宇琳等译. 北京：中国建筑工业出版社，2007. 第223页. ）

哥特的建筑》发表之后广泛流行起来。

除了上述国家外，在欧美的其他国家，如德国、瑞典等，乃至美国的室内环境营造中都不同程度地出现了中国趣味。

8.4 洛可可与中国趣味

洛可可风格于18世纪早期在巴黎兴起，是在对沉重的古典主义和巴洛克建筑和装饰过多的拘谨形式的反作用中产生的，因室内环境营造师、画家和雕刻家为贵族的新宅第设计出一种更轻巧、更舒适怡人的装饰风格而确立，很快通过图版传遍法国。在路易十四时期建造的凡尔赛宫中得到提倡，而且在路易十四统治的大部分时期内（1643-1715）都很流行。洛可可（Rococo）一词来源于法语rocaille（贝壳饰），装饰性的贝壳和岩石通常用来覆盖装饰性洞口的表面，这些生动的、不对称的形式（尤其是扇贝壳），与涡卷装饰（特别是S形和C形涡卷装饰）、自然的枝状花样饰物和弯曲波动的叶形饰一起，为洛可可风格提供了装饰性的基础形式。

洛可可风格主要表现在室内装饰和陈设品上，不追求无谓的排场转而求实惠，方便舒适和温馨的气息是人们的渴望。与巴洛克风格不同的是，洛可可风格在室内环境的营造中排斥一切所谓的建筑母题。过去用壁柱的地方，改用镶板或者镜子，四周用细巧复杂的边框圈起来。凹圆线脚和柔软的涡卷代替了过去的檐口和小山花。圆雕和高浮雕换成了色彩艳丽的小幅绘画和薄浮雕。浮雕的边缘融入底面之中。丰满的花环不用了，改用纤细的璎珞。线脚和雕饰细细的，薄薄的，没有体积感。此前一个时期爱用的大理石，又硬又冷，不合小巧客厅的情趣，仅用于壁炉之外。墙面大多用木板装修，油漆成白色，后来又多用本色木材，打蜡。室内追求优雅、别致、轻松的格调。

装饰题材有自然主义的倾向。最爱用的是千变万化的舒卷着、纠缠着的草叶，此外还有蚌壳、蔷薇和棕榈。它们还构成撑托、壁炉架、镜框、门窗框和家具腿等。为了彻底模仿植物的自然形态，后来它们的构图竟完全不对称。例如镜框，四条边和四个角都不一样，每条边、每个角本身也不对称，流转变幻，穷状极态，并且趋向繁冗堆砌。

在色彩的选择上，爱用娇艳的颜色，如嫩绿、粉红、猩红等。线脚大多是金色的，顶棚上涂天蓝色，上面描绘着白云。

在装修和陈设品表面的处理上，喜爱闪烁的光泽。墙上大量镶嵌玻璃镜面，张挂绸缎幔帐，吊挂晶体玻璃吊灯，陈设精美的瓷器，家具上镶螺钿，壁炉用磨光的大理石贴面，大量使用金漆等，特别喜好在大镜子前面安装烛台，欣赏反照的摇曳和迷离。

门窗的上槛，镜子和框边线脚等的上下边沿尽量避免用水平的直线，而用多变的曲线，并且常常被装饰打断。也尽量避免方角，在各种转角上总是用涡卷、花草或璎珞等来软化和掩盖。

洛可可风格创造了许多新颖别致、精细工巧的作品，它扩大了装饰题材，更富有生活气息，更加自然化。一些洛可可风格的客厅和卧室，非常亲切温雅，相比古典主义和巴洛克样式，更宜于日常起居。所以，洛可可装饰是相当流行的。作为一种时代风格，它存在的时期非常短，到18世纪中叶便已消退。

中国趣味在巴洛克时代就已经兴起，崇尚巴洛克的路易十四同时也是中国趣味的迷恋者，所以早期的中国趣味也带有巴洛克的鲜明特征，即专制君主式的漠然冷酷。中国商品中某些与巴洛克精神吻合的东西被强调，比如在17世纪晚期的英国，君主制复兴的刺激使大量房间都装饰成当时宫廷所采用的荷兰和法国式的巴洛克，而中国漆器的宏大同这些华丽的内部装饰十分协调。带着闪亮黑色外表、描金錾银、绘着引人入胜神话故事的屏风和橱柜，恰好表达出当时巴洛克所感兴趣的戏剧效果。巴黎的夏特里宅邸中的漆器房间竣工于1776年，是室内装饰中大规模使用漆器的典型实例，其中有从屏风上卸下的中国红色、金色漆板。9块高大的漆器面板环绕室内，2块装在门上，还有4块在衣橱、抽屉柜以及一个造型奇特、带文件架的双面圆柱形写字台上。这些装修和器物面上的图案内容都是中国题材，边缘都装饰着玫瑰花枝和椴树树枝（图8-9）。

但中国趣味天然更适合传达洛可可的微妙精致。比如晚期巴洛克时代里的中国趣味就常常带有洛可可的夸张虚幻意味，图案中填满奇异的鸟兽、歪斜的宝塔、大如宝塔的艳丽蝴蝶。猴子也被用来象征和漫画东

图8-9　巴黎夏特里宅邸的漆器房间内景
（图片来源：［法］约翰·怀特海. 18世纪法国室内艺术. 杨俊蕾译. 桂林：广西师范大学出版社，2003. 第187页.）

图8-10　塞斯·索斯宫
（图片来源：［英］朱迪斯·米勒. 装饰色彩［M］. 李瑞君译. 北京：中国青年出版社，2002. 第20页.）

方，还奇怪地出现乘木筏的骆驼，或带着铃铛在洛可可涡卷饰上像走钢丝演员一样保持平衡的中国人。

8.5 欧洲室内环境营造中的中国趣味

1. 德国波茨坦塞斯·索斯宫（德国洛可可风格）

由设计师G·W·诺贝尔斯道夫（G. W. Nobelsdorff，1699-1753）在18世纪40年代设计的在德国波茨坦（Potstam）塞斯·索斯宫（the Sans Souci Palace）中，明亮琐碎的法国洛可可风格为更加华丽、庄严的日耳曼人所特有的变体样式所取代。在起居室中，墙面装饰板上明亮的有光泽黄色油漆与黄色的帷幔和靠垫成套搭配，成为装饰其上的洛可可风格图案的展示背景。在图案中凸起的部分是花卉的枝状装饰花纹和花冠，以及异族风情的鸟和中国风格的雕像（图8-10）。

2. 英国布莱顿皇家别墅（英国摄政时期风格）

英国布莱顿（Brighton）皇家别墅（Royal Pavilion）由建筑师亨利·霍

兰德（Henry Holland）在1786-1787年为摄政王（Prince Regent，即后来的乔治四世）设计。1815-1822年别墅被约翰·奈什（John Nash）重新设计并彻底改造。在宴会厅中，希腊、罗马、埃及和东方形式的图案被描绘在墙面上，与水晶灯、描金装饰、硬木家具和伊特鲁里亚红般浓艳的颜色搭配在一起，效果强烈（图8-11）。

3. 法国的一座城堡（法国洛可可风格）

洛可可风格，是一种装饰风格而非建筑风格，尤其适合家具、瓷器、铁艺和织物的设计和细节的修饰。洛可可风格最早出现在法国，而且传遍整个欧洲。对法国人来说，充满异族风情的中国风格的图案和装饰是洛可可风格的一个重要组成部分，而且经常与欧洲叶形和花卉形的自然主义枝状装饰交织在一起。床帷幔和带坐垫椅子上，以及彩色描绘装饰的家具和墙面上的中国风格的图案显然受到了17—18世纪来自中国青花瓷的启发（图8-12）。

图8-11　英国布莱顿皇家别墅
（图片来源：[英]朱迪斯·米勒. 装饰色彩[M]. 李瑞君译. 北京：中国青年出版社，2002. 第23页.）

图8-12　法国洛可可风格的室内设计
（图片来源：[英]朱迪斯·米勒. 装饰色彩[M]. 李瑞君译. 北京：中国青年出版社，2002. 第57页.）

4．塞莱斯·迪恩住宅（美国殖民地风格）

塞莱斯·迪恩（Silas Deane）住宅1766年建造于韦瑟斯菲尔德（Wethersfield），住宅中的开敞式楼梯间的楼梯上有复杂弯曲的红木栏杆和楼梯端柱。经过染色和抛光处理成类似红木效果的硬木，比松木或冷杉木这样的描绘软木要珍贵得多，它们的使用能够反映出房主的富有。卧室中简洁的灰绿色墙面嵌板和白色抹灰墙面的搭配方式是这一阶段美国殖民地风格装饰的典型特征。

用在塞莱斯·迪恩住宅一间卧室中的床帷幔、躺椅和窗帘上的蓝白花织物的鸟和花卉图案有一种非常典型的异族风情形式特征，这是受到从中国进口的当时相当流行的瓷器的启发。

在18世纪殖民地风格住宅中的图案和色彩逐渐向多种多样的方向发展，这一点在塞莱斯·迪恩住宅中另一间卧室有所展现。卧室中绿色的墙面嵌板与红白花的床帷幔和地毯形成对比（图8-13、图8-14）。

图8-13　塞莱斯·迪恩住宅中的卧室
（图片来源：[英] 朱迪斯·米勒. 装饰色彩 [M]. 李瑞君译. 北京：中国青年出版社，2002. 第38页.）

图8-14　塞莱斯·迪恩住宅中的卧室
（图片来源：[英] 朱迪斯·米勒. 装饰色彩 [M]. 李瑞君译. 北京：中国青年出版社，2002. 第39页.）

图8-15　艾萨克·史蒂文斯住宅的北面卧室的一个角落
（图片来源：[英]朱迪斯·米勒. 装饰色彩[M]. 李瑞君译. 北京：中国青年出版社，2002. 第47页.）

5. 艾萨克·史蒂文斯住宅（美国殖民地风格）

18世纪下半叶，加重的图案和颜色的装饰面料在殖民地风格的住宅中变得越来越流行，而且对室内环境中装饰色彩效果和样式的形成起到了很大的作用。在艾萨克·史蒂文斯（Isaac Stevens）住宅北面卧室的一个角落装饰了垫子、带翼部的一把扶手椅的装饰面料上是一种色彩浓重的植物、花卉和鸟组合在一起的图案，细节丰富，显然是受到与众不同的中国趣味的影响。那张红木桌子是18世纪英国的产品（图8-15）。

6. 劳德·包特陶特官邸（美国殖民地风格）

劳德·包特陶特官邸建成于18世纪。房间中锯齿形上楣檐口上面的简单、深色的带状饰物被平涂上一种在殖民地时期流行的土红褐色。在起绒粗呢壁纸上花卉形图案的浅灰色、米色和乳白色色调是美国殖民地风格中浅色调的代表，充满中国趣味（图8-16）。

7. 乔治·魏斯住宅（美国殖民地风格）

乔治·魏斯住宅（The George Wythe House）位于殖民地时期弗吉尼亚州的威廉堡，住宅中记录着相当丰富的美国历史。乔治·魏斯，该住宅最初的拥有者，是一位律师，而且是美国历史上第一位法学教授；他是在美国《独立宣言》上签字的签署者中最早的一位，而且，住宅在

图8-16　18世纪时期的劳德·包特陶特官邸
（图片来源：[英]朱迪斯·米勒. 装饰色彩[M]. 李瑞君译. 北京：中国青年出版社，2002. 第52页.）

图8-17　乔治·魏斯住宅的最北边的卧室
（图片来源：[英]朱迪斯·米勒. 装饰色彩[M]. 李瑞君译. 北京：中国青年出版社，2002. 第43页.）

1781年围攻约克城的战争之前充当了乔治·华盛顿的指挥总部。后来，这栋住宅被州议会下院指派给托马斯·杰菲逊（Thomas Jefferson）和他的家庭。这栋两层的住宅建于18世纪50年代中期，其中最北边的卧室墙面用黑白相间的条形壁纸装饰，这是受到在一件当代手工染色的铜板雕刻的作品中所刻画形式的启发。木质壁炉油漆成一种黄白色，与壁纸的浅色条纹保持一致；深色条纹的颜色与床帷幔和扶手椅上具有中国趣味的印花棉布的色彩相互呼应（图8-17）。

8. 尚·德·巴台雷城堡（法国新古典主义风格）

尚·德·巴台雷城堡（Chateau du Champ de Bataille）位于法国诺曼底附近的纽堡城（Neubourg），17世纪末为德·克莱克公爵（Comte de Crequi）建造，这是法国巴洛克风格十分盛行的阶段。然而，城堡却是因其新古典主义风格的室内环境营造而闻名于世。在路易十六统治时期（1774—1792）的18世纪末，城堡被重新修建。而后，城堡被它后来

图8-18　尚·德·巴台雷城堡中的一间卧室
（图片来源：[英]朱迪斯·米勒. 装饰色彩[M]. 李瑞君译. 北京：中国青年出版社，2002. 第66页.）

的主人亚克斯·加西亚（Jacqes Garcia）重新装修成它最初的样式，恢复回原先的豪华状态。这些室内环境，与城堡的公园和花园一起，为城堡赢得了“诺曼底凡尔赛”的美誉。

城堡卧室中通过床帷幔和窗帘，椅子的坐垫和靠垫，以及东方风格地毯上的红色和粉红色暖色调来获得视觉效果上的平衡。这些软质装饰品上的图案是典型的复杂的中国风格花卉形图案设计，在18世纪后期，在路易十六的皇后——玛丽亚·安托艾内特（Marie Antoinette）倡导下十分流行，这些图案的使用一般都局限于女士的卧室（图8-18）。

9. 英国伦敦的一栋住宅（英国乔治亚风格）

这栋5层高的住宅最初是1800年由地产发展商亨利·勒洛克斯（Henry Leroux）建造在伦敦北部加能柏里广场（Canonbury square）上，一直到20世纪60年代末，这座住宅几乎被人们遗忘。20世纪70年代初住宅得到了彻底翻新，室内环境最近已被重新装饰成它最初的乔治亚风格样式，而且采用了18世纪末19世纪初在英国流行的色彩设计进行比较满意的重新装饰。

在住宅的厨房中，白色的抹灰顶棚和淡蓝色的抹灰墙面与漆成灰色的嵌入式餐具柜产生柔和的对比。这种色彩搭配为19世纪的青花摹绘的陶器和瓷器的展示提供了一个色调和谐的背景，主要的新古典主义特征还出现在木窗框角上的圆形花饰和小凸嵌线装饰的窗侧柱上。厨师的砧板桌是现代风格的，它是用山毛榉制成的——这是一种与住宅中原来以企口相接的方式铺设的松木地板在色调上几乎相近的硬木（图8-19）。

10. 索贝庄园住宅（瑞典新古典主义风格）

索贝庄园住宅（Sorby Manor House）位于瑞典的莫萨斯（Mosas）附近，是拉斯·斯尧伯格（Lars Sjoburg）拥有的地产，拉斯·斯尧伯格是一位设计师，他是建筑和装饰设计方面的国际权威。这栋住宅建造于17世纪60年代，在18世纪60年代部分进行了重新装修。最重要的修整之一是增加了住宅的窗户，这对室内的照明产生了很大影响。墙体用方形、去皮的原木建造，在一个木材资源丰富的国家，这是传统的墙体建造方法，而且这种墙体构造在斯堪的纳维亚（Scandinavia）地区冬季严酷的自然环境中能为人们提供非常有效的保护。在20世纪大部分时间里，该住宅的外观都被漆成白色，但是到了20世纪90年代，它被重新漆成了它最初的铁锈红色。这种颜色，连同黄褐色一起，是这一地带的住宅和库房最常用的典型颜色，而且在18世纪还是殖民地的美国也非常流行，那时的美国有大量的斯堪的纳维亚移民。

房间中的椅子是索贝庄园住宅的主人拉斯·斯尧伯格设计的长靠椅的复制品，用一种写实性图案的面料做靠垫，面料上的图案是一种深色的中国风格的植物形式，可以看出中国的装饰在18世纪末对瑞典的影响。住宅中的地板都用生石灰处理过，地板灰白色的色调与墙面的颜色有所呼应，协调一致（图8-20）。

图8-19　一栋乔治亚风格晚期的城市住宅厨房（图片来源：[英]朱迪斯·米勒. 装饰色彩[M]. 李瑞君译. 北京：中国青年出版社，2002. 第74页.）

图8-20　瑞典索贝庄园住宅中家具（图片来源：[英]朱迪斯·米勒. 装饰色彩[M]. 李瑞君译. 北京：中国青年出版社，2002. 第106页.）

11. 朱丽塔庄园住宅（瑞典新古典主义风格）

朱丽塔庄园住宅（Julita Manor House）位于瑞典索德曼兰德（Sodermanland）省，索德曼兰德在斯德哥尔摩西边160km处。在中世纪时期，这位置被一个富有的西斯特教团修士的教堂（Cistercian monastery）占据，这是一个信徒们朝觐的地方，也是文化、社会和农业兴旺发达的中心。在16世纪初期，这个教堂被国王古斯塔夫·瓦萨（Gustav Vasa）没收，古斯塔夫·瓦萨想使瑞典变成一个路德教而不是天主教的国家。修士们出逃，借助国王与政府的帮助，这个庄园众多私人拥有者中的第一位占有了这个地产。1745年，最早的庄园住宅在一场大火中毁坏，而后就被保存至今的建筑（建造于1760年）所取代。1941年，这栋住宅被捐献给瑞典的日耳曼博物馆。

多数有历史价值的建筑和室内装饰风格都出现在这栋住宅中。例如，两个邻近的侧厅是晚期瑞典巴洛克风格；几个房间的室内环境和装饰展现出封建农民生活的特征；吸烟室是一个用19世纪末瑞典维多利亚风格色彩

图8-21　瑞典朱丽塔庄园住宅中的卧室
（图片来源：[英] 朱迪斯·米勒. 装饰色彩 [M]. 李瑞君译. 北京：中国青年出版社，2002. 第109页.）

丰富和密集组合家具的特征进行装修和配置家具的房间。然而，大多数的主要房间用18世纪末19世纪初取代了瑞典洛可可风格，而且在20世纪初又经历了复兴的新古典主义的古斯塔夫风格进行重新装修和装饰。

这些古斯塔夫风格的室内环境营造灵感来源主要是法国新古典主义风格，在一些家具中还有洛可可风格的痕迹，中国传统雕刻的元素融合进面料和壁纸的图案设计中。然而，所有这些风格通过使用一个浅淡色调的色彩体系——如淡黄色、淡灰色和淡蓝色，在朱丽塔庄园住宅中表现出其独特的瑞典风格，这就是与众不同的古斯塔夫风格。这些色彩经常通过金色的调剂和点缀而变得活跃起来。

在住宅的一间卧室中，壁纸和薄亚麻窗帘，床帷幔和床嵌板上的装饰是受到传统中国装饰样式启发的花卉形和植物形图案，图案是用古斯塔夫风格的淡草黄色和淡灰蓝色印染出来的（图8-21）。

8.6 中国趣味的式微

既然中国的艺术和生活趣味在洛可可时代的欧洲只是被判定为具

有洛可可精神所要求的自由、不对称、反规则才被接受，成为实现这个快乐理想的一种手段，那么它们就注定不能在欧洲的文化精神中真正立足，它们所划过的痕迹如同洛可可精神所追求的快乐那样苍白、短暂、脆弱。当洛可可精神开始走向衰落后，被认为是这种精神中一部分的中国趣味失宠是必然的结果。

18世纪50年代洛可可风格在法国已经呈现衰败的趋势，开始因为过分琐碎和过度装饰而遭受批评，尽管当时在中欧还方兴未艾。到了18世纪60年代，崇尚俭朴严肃的新古典主义开始在法国逐步替代洛可可。“人们很容易把洛可可艺术看成是对物质世界的热情欢快的反应，同时把新古典主义看成是理智对本能的否定。”[1]

新古典主义的品位与中国趣味的“迷人”特点显然不大相容，新古典主义装饰艺术中着力表现希腊和罗马精神的冷淡的优雅与坚硬，这与洛可可时代受人钟爱的异国情调相去甚远。然而大潮落后总是欲去还留，新古典主义在一段时间内与中国趣味并存。因为任何一个时代，任何一个社会，人们都不至于对异国情调完全无动于衷，再理性、再严肃、再高雅的生活都不排斥新鲜事物所激起的想象空间与奇异情趣，就像古希腊罗马世界的吸引力“也不仅是针对头脑的，它至少也部分地诉诸心灵。古代世界的爱情故事在18世纪的艺术爱好者心头徘徊萦绕，就好像圣殿的烟熏在圣坛上缭绕。”[2]所以对虚幻美感的追求并没有因为新古典主义占据主导地位而消失。在室内环境营造、器物、织物等方面尽管已经明显向新古典主义转化，但中国趣味在18世纪晚期法国的高雅情趣中仍表现出顽强的生命力，呈现出新古典主义与中国趣味的结合。

归根结底，中国趣味仅仅是欧洲社会一时之间对异国情调的贪恋和追求，因此不可能成为主流，随着欧洲国家对中国的经济和军事入侵，以及对中国了解的深入，欧洲人对中国文化所寄予理想和希望破灭，他们原来所崇尚的中国趣味自然随之相形黯然。

1. 马德琳·梅因斯通. 剑桥艺术史（第2册）[M]. 钱乘旦译. 北京：中国青年出版社，1994. 第202页.
2. 马德琳·梅因斯通. 剑桥艺术史（第2册）[M]. 钱乘旦译. 北京：中国青年出版社，1994. 第203页.

第 9 章

结语

对一个朝代的历史定位和特点的归纳应该将其放在这个国家整个历史发展的长河中，只有这样才能进行比较客观的分析、比对和研究。同理，对一个特定历史阶段的室内环境营造所取得成就的评价也应该置放在整个中国室内环境营造发展和演变的脉络之中，此外，还需要放在大的社会文化背景中进行分析、研究和定位。通过前述章节的论述和分析，可以总结出清代室内环境营造艺术及其发展的几个主要特点。

9.1 历史成就的集成

灿烂的中国古代建筑室内环境营造至清代已经发展到了极致，而逐步转化，派生出新的建筑类型、空间形态、装修形式、技术手段及艺术风格。在中国整个历史的演进过程中，作为中国封建时代的最后王朝，清代统治全国的268年（1644-1911），与整个中国历史相比，清政府统治中国的时间虽然是短暂的，但在建筑室内环境营造方面取得的成就却是巨大的，比早先任何时代的发展要迅速，艺术水准要高超，营造技术要发达，涉及领域要广泛，因此，取得的成就必然也是很突出，有着自己鲜明的时代特征。例如园林建筑、会馆、酒肆茶馆、商业店铺、民居等诸多建筑类型都显现出以前历代所不曾出现的发展热潮。

明代在室内环境营造方面取得的成就标志着中国古代建筑室内环境营造进入最后一个成熟阶段，紧随其后的清代更把这种成熟推向绚烂的高峰，特别是在室内空间组合、工艺美术技艺与装修的结合、室内环境营造的大众化与生活化、内檐装修的华丽程度等方面，都有新的发展和长足的进步，可以说是创历史最高水平。若是评价清代建筑室内环境营造的历史地位，可以说清代是中国古代室内环境营造历史上最后一次高潮时期，是对明代已经成熟的营造进一步完善的阶段，是中国古代室内环境营造历史的终结，是一个集过去之大成，而且酝酿着新的转机的时期。

清代是中国封建社会的最后一个阶段，是一个由少数民族统治的时期，与前代有很大的差异，在政治上走向保守，在文化上走向复古，是一个集中华古典文化之大成的阶段。清王朝的复古潮流使文化风气由明末的“趋新”陡变为“尚故”。不管是什么朝代，不管是何种风格，只要来自古人，都受清人的青睐和崇拜。近300年的清王朝成了中国古典文化的一次整体复兴。这种复兴客观上对中国文化进行了一次全面总结，无意中完成了清代作为封建文化殿军的集大成的历史使命。清王朝的建立，对中国文化史的发展进程具有特殊的意义，形成了独具特色的文化风景。在这样的历史背景下，相对于明代室内环境营造取得的成就，清代室内环境营造取得的成就并不是质变，而是在已经成熟的基础上的发挥和绚烂。室内环境营造艺术的发展与传统文化类似，在清代也不断地进行着总结，集历史成就之大成。

清代室内环境营造取得的成就具体表现为：在营造技术和加工工艺方面，发展前代技艺，吸纳外来技术，营造技艺高度发达；在室内空间和功能布局方面，室内空间的形态愈加丰富和复杂，分隔和营造空间的方式更为多样；在结构和材料方面，结构上更加简单和实用，用材上更为讲究和多样；在家具和陈设品方面，类型多样繁杂，制作工艺异常发达，陈设艺术与装修一起形成艺术综合体；室内环境中更加强调营造的整体意识和人文关怀。

9.2 装饰形式的程式化

清代不同类型建筑室内环境的构成要素大致相同，界面和构件的装修中大量运用装饰化的处理手法。以石雕、砖雕、木雕、彩画为主体的装饰中使用了大量建筑纹样。建筑纹样的选择，受到构件形体及表面形状的限制，必须采用适合被加工构件状况的纹样，这种纹样也称为适合纹样。如裙板采用方形或圆形图案；绦环板采用扁长形纹样；枋木采用横长连续纹样；撑拱为立柱形，采用仙人、狮子之类；枋头为端首造型，采用龙头、凤头等。清代在各类构件所使用的装饰题材和纹样方面基本上定型化和程式化。

自古以来，包含建筑装饰纹样在内的所有纹样都具有一定表征的意义内涵，清代吉祥纹样除了视觉美观方面的意义外，最突出的特点是图必有意，即纹样一般都具有吉祥意念，也就是具有丰富的思想内涵，诸如幸福喜庆、富贵丰足、平安美好、长寿长乐、多子多福、升官发财、连年有余、龙凤呈祥、鲤跃龙门、凤凰戏牡丹、瓜瓞绵绵、麻姑献寿、榴开百子、喜鹊登枝、官居一品、岁寒三友、竹报平安、四君子、麒麟送子、六合同春、五谷丰登等。

吉祥纹样在清代非常流行，出现在建筑，以及用各种材料制作的器物、纺织品以及不胜枚举的装饰品上。如雕刻（木雕、石雕、砖雕）、彩画、门窗、隔断和丝织品、少数民族的织锦面料，以及陶瓷、珐琅、玻璃、金属等各种材料制成的纺织品和器物上的纹样，样式繁多，题材丰富。清代建筑装饰纹样题材丰富，可以说，上至天文，下至地理，无所不包，既有具象，又有抽象，不胜枚举。清代建筑装饰纹样逐渐世俗化，更加贴近生活，大多寓意祥瑞，寄托着人们美好的理想和愿望。装饰一般常见的题材内容有仙花芝草、花鸟鱼虫、祥禽瑞兽（龙凤、麒麟、虎、狮、羊、鹿、龟、鹤、蝙蝠等）、人物故事、山水、如意纹、云头纹、水纹等吉祥纹样，再加上几何纹样。吉祥的意念，就是用这些具体的形象（动物或植物）或抽象的符号，通过程式化的搭配和组合，运用象征、比拟、隐喻、谐音、寓意等手法或直接用文字来表达，形成了装饰纹样表现形式的程式化。吉祥的意念加上程式化的表现形式和多元化的表现手法，共同形成了丰富多彩的吉祥纹样。

9.3 过度装饰

清代室内空间的功能更加细化，空间的分隔更加精细，装饰更加精致，设计更为细腻，室内环境和器物的细节得到前所未有的关注。清代室内环境营造中的装饰艺术十分发达和繁荣。各种艺术手法和工艺技术无所不用，能用者则无所不用其极，因此室内装修和器物的制作非常精致。对工艺技术的炫耀式的追求加上华美与世俗审美价值取向的影响，导致清代室内环境营造中过度装饰，形式烦琐。

过分追求营造的技艺使装饰形式累加不已，也造成了清代室内环境营造艺术的繁缛之风，让人们在惊叹之际也有叹息之感，实在是为高超的技艺所累、所害，尽管细腻、精致、华美，但最终走向琐碎和繁缛。再加上已程式化了的有各种寓意纹样，清乾隆时期所形成的活泼生动之气消散于后来的繁缛琐碎和匠气之间，所以清代建筑的室内环境营造在重视装饰性审美的同时，也带来了对整体感和文人艺术趣味的破坏。

对于清代建筑室内外的装饰艺术，历来有两种不同的评价：有人认为它做工纤巧，技艺高超，丰富多彩，达到中国古典时期的顶峰；也有人认为它过度装饰，烦琐堆砌，格调低下，流于庸俗和匠气。公正地讲，在艺术水平上，清代建筑的装饰艺术确实缺乏较高的、与文人趣味契合的审美境界，但在设计和制作中把艺术和技术等同起来的做法，使得技艺愈发精绝，相应的工艺技术达到了前所未有的高度，制作水平远远超出前代，呈现出精致化的趋向，对精致的追求又使工艺技术得到进一步的发展。

9.4 营造中的人文关怀

晚明以后人性的回归，使清代室内环境营造不仅将环境中的实体要素作为审视的对象，而且逐渐关注到环境的使用者——人。人们已不仅仅满足于物质条件方面的提高，精神生活的享受越来越成为人们的重要追求。室内环境营造的发展也从人们基本的生理需求转向更高层次的心理需求。室内环境营造面对人们现实的种种需求，最大限度地适应人们的生活，从而使室内环境营造和当时人们的实际生活更加全方位的贴近。

清代中期，室内环境营造中的人文意识发展到了中国封建社会顶峰。这促使室内环境营造的审美重心从审美客体（室内环境）转向审美主体（人），认识到在以人为主体的营造观下，人的生理、心理需求的满足构成了室内环境营造审美的美感，如在高大的室内空间中仙楼的使用就是充分考虑了人的生理和心理需求。因此，室内空间功能的细化、分隔的精细，装饰的细腻精致，以及对室内环境和器物细节的关注，才能满足人们更高的物质和精神需求。

同时，商业化和消费文化的高度发达使清代的室内环境营造呈现出大众化和为日常生活服务的设计理念，尊重个体生命的多层次情感需求。除了关注生存的舒适性以外，即便有附庸风雅之嫌，几乎所有人都会去关注生存的精神体验和文化韵味，这也是那个时代所特有的特征。此外，室内环境营造活动中关注实用性和勤俭节约的大众意识也是人文关怀的另一种体现。

9.5 传统营造的延续和转型

数千年延续发展的中国古代文明史，也包括古典建筑的室内环境营造史，至1840年中英鸦片战争而开始了一个新的历史篇章，古典时代即将终结，中国室内环境营造进入新的历史发展时期。1840年开始，清代经历了中国有史以来最为猛烈的外来撞击、冲突与变迁，清代室内环境营造作为其文化体系的组成部分自然也发生了巨大的变化，室内环境营造正与它所处的文化体系以及国家、民族一道，别无选择地面对一个全新的发展境况。

中国室内环境营造艺术和技术体系在与西方室内环境营造艺术和技术体系于一段时期的碰撞、交流、融合过程中，经过被动的选择和主动的扬弃，逐渐找到了适合当时国情的发展道路。室内环境营造现象一时之间纷繁复杂，但种种变化和表象预示着中国室内环境营造在技术层面和艺术层面“转型”的开始，在物质技术和思想意识形态两个方面为中国建筑室内环境营造的进一步发展打下了坚实的技术基础，铺平了思想道路。清末对待西方文化尤其是最新的科学技术成就开始采取主动学习、引进的态度。在室内环境营造上，中国选择了一条捷径，就是清末对西方复古主义和折中主义样式在中国进行克隆与传播，直接复制西方的技术和样式，使用进口的装饰材料和设备。经过一段时间的消化和吸收，室内环境营造的发展开始衍化，在复制与衍变的过程中开始转型。这样的做法尽管有崇尚西洋文化和妄自菲薄之嫌，但对中国室内环境营造的转型确实起到了加速作用。

清代室内环境营造装饰艺术和工艺技术方面的发展和取得的成就确实胜过历朝历代，在形式和技艺上都有长足的进步和多样化的表现。但在清代建筑室内环境营造中这种过分注重装饰的现象是艺术品位的倒退和审美趣味的世俗化。在一定程度上，可以把清代建筑室内环境营造的风格特征及其历史时期与法国洛可可风格的特征和流行时代相类比，甚至可以讲，清代就是中国古典室内环境营造发展过程中的洛可可时代，也就是畸形的艺术发展时代。

洛可可风格于18世纪早期在巴黎兴起，是在对沉重的古典主义、复古主义和折中主义建筑和装饰过于拘谨的形式的反作用中产生的，当时工业化和产业革命的浪潮尚未冲击建筑和室内设计行业，还没有引起营造技术及装饰形式的根本性变革。这种风格直到19世纪钢铁、玻璃、水泥、混凝土等现代材料的应用，以及新建筑运动的兴起，建筑形式有了突变以后，才退出西方室内设计的历史舞台。

以世界室内设计史为背景，反观中国清代室内环境营造的发展也是如此。清代室内环境营造的发展在新材料、新技术尚未到来之时，恰逢封建末期的最后一次经济发展高潮——康乾盛世，经济繁荣引发的在建筑方面的消费欲望，都发泄到建筑室内外装饰和工艺器物的制作上，因此形成中国古代室内环境营造史上装饰艺术的鼎盛时期。此时，即使没有外来因素的激发，高度注重装饰艺术形式和过度倾心于技艺的清代室内环境营造在中国传统文化和思想意识的内部也滋生了转变的动因，面临“内生型”的新转机，只不过外来因素加速了这一转变的进程，从此走上一条“外生型”转变的道路。

对室内环境营造发展过程中某一历史时期在形式、技术和艺术方面所取得成绩的评价，历来无统一的意见。对欧洲洛可可风格，以前建筑界多持否定态度，近年来研究人员和学者也开始肯定它的历史功绩。因为室内环境营造活动是人类一项原始但又复杂的活动，它包括功能、技术、经济、艺术等各方面要素，而在不同时期营造活动所关注的内容和侧重点各不相同，正因为是在各种不同甚至截然相反的要求此消彼长、循环往复的推动下，室内环境营造的风格和样式才呈现出丰富多彩的历史面貌。例如，宣传“装饰就是罪恶”，主张净化建筑，取消装饰，纯粹表现材料质感美的技术主义美学观的现代建筑，在经过几十年发展以后，也开始使人感觉到其千篇一律、枯燥乏味的弊端。现代建筑也需要尊重历史和文化，抒发情感，表现人们对不同美感的追求，逐渐又走向追求装饰艺术和回归历史人文的新阶段。于是，又出现了后现代主义和其他各种主义。当然，后现代主义风格的装饰艺术是在新材料、新工艺、新技术基础上创造的，具有所属时代的特色，已不能和以砖雕、木雕、石雕、贴金挂银为手段的手工业封建时代的室内装饰艺术相提并论。所以说，对任何历史阶段室内环境营造所取得的成就评价是绝对的，又是相对的；是静态的，又是发展的。脱离它所存在的具体社会背景和历史环境，以及评价者所处的时代和立场，对它进行评价是不客观且有失公允的。

9.6 启示

在前文的论述中，既可以看到清代室内环境营造取得的诸如营造中的整体意识和人文关注、营造手法的艺术化等方面的成就，也能看到存在着诸如程式化、繁缛琐碎等弊端。在经历了乾嘉时期短暂的辉煌之后，最后陷入与法国洛可可艺术相似的命运，在同样经历了繁缛、纤巧、艳俗的高贵与豪华之后，最终走向没落和衰败。这里面固然有政治和经济等方面的原因，但中国人固有的深层次的文化心理结构也是不容忽视的因素。中国传统文化是一种伦理道德型文化，其深层的思维模式偏重于内省而非认知，主体常以自身为对象进行内向型思维；不同于西方人以外界自然为对象的认知型思维，中国人的这种思维偏向造成传统文化重道轻器、重人文轻科学的倾向。

历史发展的步伐并不是按部就班和循序渐进的，有时会被一些偶然性的因素支配或影响。按照社会的自然进程，中国应该在17世纪由封建社会跨入近代的门槛，正如历史学家范文澜先生指出的："如果明朝还能维持下去，或代替它的朝代是李自成的大顺朝，而不是清朝，中国追上当时尚在开始的西洋科学，并不是什么困难的事。"[1]种种迹象表明，中国的封建制度在16、17世纪之交就已经熟透，并已经进入朽败状态，新生的社会因素已从萌芽状态成长壮大起来，历史具备了由封建社会向资本主义社会自然转化的条件。然而，清军的入关打断了这一自然进程，整个社会的发展形势发生逆转。

作为中国北方地区相对比较落后的游牧民族，满族势力的入关和统治，对中原发达的经济的确造成了严重的破坏，这不仅体现在入关之初的圈地、投充等举措带来的经济破坏，也体现在政府在相当长的时期内推行的重农抑商政策，它严重阻碍了明中叶以来蓬勃兴起的工商型经济的发展势头。经济基础决定上层建筑，经济是社会审美文化得以依附的物质基础，经济的倒退必然带来文化领域相应的改变。

清代的统治者与元代的不同，他们在入关之初便高度认同了汉民族的封建文化，一切"仿古制行之"。在政治上大力采用汉族制度，任用汉人参加行政管理，中央政府各部、司分设满汉大臣，标榜"满汉一体"；在文化上推行科举制度，以笼络汉族的知识分子阶层，尊孔读经，宣扬

1. 范文澜. 论中国封建社会长期延续的原因. 范文澜历史论文选集[M]. 北京：中国社会科学出版社，1979. 转引自：王小舒. 中国审美文化史（元明清卷）[M]. 济南：山东画报出版社，2000. 第136页.

程朱理学。清代统治者俨然以正统汉族文化的继承者自居，这一点他们比元代统治者聪明得多。为了稳固自己的统治，他们还采取了“宽猛相济”的两手政策，一方面恢复科举，开设博学鸿儒科，大力延揽汉族知识分子，给他们一条荣身发达的出名道路，又大兴编书之风，整理文化遗产，销毁或改篡有碍政府统治的文化典籍，有目的地倡导复兴古学，如利用《四库全书》的编纂，对蕴含民族思想的文化典籍展开了一场规模空前的清剿，从歌颂岳飞抗金的诗文被大量抽毁中就可见一斑；另一方面，对内大兴文字狱，打击一切对其统治不满的人士，造成文化的威慑气氛，如康熙年间有轰动朝野的“庄廷鑨明史稿案”与“戴名世《南山集》案”，以及雍正年间的“吕留良文选案”等。尽管清初呈现出积极的开放状态，但清中期以后，政府对外实行闭关锁国的政策，驱赶传教士，封锁海关，固守无所不有的观念，拒绝与国外进行接触和交流。这一切举措都使清代的文化面貌整体上呈现出浓重的保守色彩。

民间文化界的态度与政府有所不同，官方的权威文化在这里总是这样或那样地受到抵制，但在复兴古学这一点上，民间和官方恰恰又是如此高度的一致。汉族文人固然不满政府的文化钳制政策，但他们依然选择古学，以此来维护民族的自尊，维护既有的文化底色，抵制民族压迫和欺凌。同时，出于对明政权覆亡的反思，许多人认为祸根就在于明末对传统文化的反叛，有鉴于此，清人有一种明显的向传统复归的心理态势，这种心理与当时整个的时代环境相汇合，造成了清王朝持久而深入的一股复古潮流。清王朝的建立，对中国文化史的发展进程具有特殊的意义，形成了自己独特的文化风景。

清代的确是中国历史上古典文化高度成熟和发达的时代之一。以中国古典文学为例，《红楼梦》是古典长篇小说的顶峰，《聊斋志异》为古典文言小说的顶峰，《阅微草堂笔记》是古典笔记小说的顶峰。而在其他诸如戏曲、诗文、绘画、工艺品、建筑、园林等领域莫不若此。对于清时期古典文化的高度成熟，乾嘉时期的学人也有感受和体认。纪昀云：

"自较理秘书，纵观古今著述，知作者固已大备，后之人皆尽其心思才力，要不出古人之范围。"[1]这也正是清代文化局限性之所在。

历史前行的轨迹是迂回曲折的，但发展的总体方向不会改变，随着农业经济的逐步恢复，工商业的再次抬头，经济领域又一次出现了近代化（资本主义）的势头，康乾盛世的形成并没有将社会拉回古代那种小国寡民、自给自足的村社经济中去，而是再次回向晚明时期的以都市为中心的生动活泼的社会格局。与此同时，正统文化的衰朽性也越来越呈现出来，恰如《红楼梦》中所说："外面的架子虽未很倒，内囊却也尽上来了。"[2]在所谓的盛世的背后，历史的必然趋势与社会价值取向的矛盾正日益尖锐化。

这些不仅让我们重新思考，在室内环境营造中对待中国传统文化到底应该采取什么样的态度？是以清末期之前的方式像博物馆一样收集和展示已经取得的成就？还是以清末期全盘西化的方式彻底摒弃中国传统？

清代在室内环境营造方面取得的成就有目共睹，要么"因循守旧"，集历史成就之大成；要么"历史虚无"，移植并不属于自己本土的技术和样式。并没有像明代晚期那样，在自我意识的觉醒过程中进行创新，有突破性的进步和发展。

当下的中国，经济的发展和社会的需求给室内环境营造带来前所未有的机遇，人们对时下室内环境营造既充满了期望，也心存不满。在新思潮的冲击和消费文化的影响下，出现了一些似是而非、不求甚解、浅薄空泛、表面平庸，甚至无可奈何的室内环境营造作品。在"西化风"和"中国风"的影响下，设计师们就像墙头的野草，或毕恭毕敬地生搬硬套洋人的东西，或诚惶诚恐地拜倒在古人古法面前，对来自不同地域的文化传统或"生吞活剥"，或"拿来挪用"。我们看到的作品经常是"得其形，而失其神"，空间混乱，理念不清，细部简陋粗糙。有时还会打着"后现代主义"的旗号对传统进行低层次的解读，不分场合、牵强附会地使用缺乏内涵的"符号"，矫揉造作，附庸风雅，去满足市侩猎奇的喜好

1. 转引自：冯天瑜，何晓明，周积明．中华文化史［M］．2版．上海：上海人民出版社，2005．第628页．
2.［清］曹雪芹，高鹗．红楼梦（第一册）［M］．3版．北京：人民文学出版社，1964．第18页．

或遵命于“长官”的意志。我们现在在某些地方与清代的状况有些相似，善于模仿和复制，但缺乏原创。

面对“现代化”背景下不断趋同的现实，我们必须要在下面的三条道路中做出选择：一，继续保有传统，让自己在故纸堆中默默地老去；二，彻底割裂传统，让自己存活于不属于自己的世界中；三，让传统化作护花的春泥，成为我们再生和创新的土壤。

历史经验告诉我们，应该以一种开放的态度对待自己的传统文化和包括西方文化在内的异族文化，以动态的观点看待传统、现代和未来。

参考文献

[1] 陈从周. 园林谈丛［M］. 上海：上海文化出版社，1980.

[2] 刘敦桢. 中国古代建筑史［M］. 2版. 北京：中国建筑工业出版社，1984.

[3] ［美］费正清，刘广京. 剑桥中国晚清史（上、下卷）［M］. 中国社会科学院历史研究所编译. 北京：中国社会科学出版社，1985.

[4] 中国科学院自然科学史研究所. 中国古代建筑技术史［M］. 北京：中国科学出版社，1985.

[5] 费孝通. 乡土中国（第二版）［M］. 北京：生活·读书·新知三联书店，1985.

[6] 山西省古建筑保护研究所. 中国古代建筑学术讲座文集［C］. 北京：中国展望出版社，1986.

[7] 刘致平. 中国建筑类型及结构［M］. 北京：中国建筑工业出版社，1987.

[8] 刘石吉. 明清时代江南市镇研究［M］. 北京：中国社会科学出版社，1987.

[9] ［明］计成著，陈植注释. 园冶注释［M］. 北京：中国建筑工业出版社，1988.

[10] 祝慈寿. 中国古代工业史［M］. 重庆：重庆出版社，1989.

[11] ［清］姚承祖，张至刚增编，刘敦桢校阅. 营造法原［M］. 2版. 北京：中国建筑工业出版社，1989.

[12] 萧默. 敦煌建筑研究［M］. 北京：中国文物出版社，1989.

[13] 王世襄. 明式家具研究（文字卷）［M］. 香港：三联书店（香港）有限公司，1989.

[14] 王世襄. 明式家具研究（图版卷）［M］. 香港：三联书店（香港）有限公司，1989.

[15] 林木. 明清文人画新潮［M］. 上海：上海美术出版社，1991.

[16] 张绮曼，郑曙旸. 室内设计资料集［M］. 北京：中国建筑工业出版社，1991.

[17] 王佩环. 清帝东巡［M］. 沈阳：辽宁大学出版社，1991.

[18] 黄明山. 宫殿建筑——末代皇都［M］. 台北：光复书局，北京：中国建筑工业出版社，1992.

[19] 黄明山. 民间住宅建筑——圆楼窑洞四合院［M］. 台北：光复书局，北京：中国建筑工业出版社，1992.

[20] 黄明山. 佛教建筑——佛陀香火塔寺窟［M］. 台北：光复书局，北京：中国建筑工业出版社，1992.

[21] 故宫博物院. 禁城营缮纪［C］. 北京：紫禁城出版社，1992.

[22] 陆元鼎. 中国传统民居与文化（2）[C]. 北京：中国建筑工业出版社，1992.

[23] 杨秉德. 中国近代城市与建筑 [M]. 北京：中国建筑工业出版社，1993.

[24] [英] 马德琳·梅因斯通等. 剑桥艺术史（第2册）[M]. 钱乘旦译. 北京：中国青年出版社，1994.

[25] 邓明主编. 上海百年掠影 [M]. 上海：上海人民美术出版社，1994.

[26] 张绮曼，郑曙旸. 室内设计经典集 [M]. 北京：中国建筑工业出版社，1994.

[27] 陈从周. 中国厅堂·江南编 [M]. 香港：三联书店，1994.

[28] 刘北汜，徐启宪. 故宫珍藏人物照片荟萃 [M]. 北京：紫禁城出版社，1994.

[29] 高丙中. 民俗文化与民俗生活 [M]. 北京：中国社会生活出版社，1994.

[30] 陆元鼎. 民居史论与文化 [C]. 广州：华南理工大学出版社，1995.

[31] 许纪霖，陈达凯. 中国现代化史（第一卷1800—1949）[M]. 上海：上海三联书店，1995.

[32] 徐君，杨海. 中国妓女史 [M]. 上海：上海文艺出版社，1995.

[33] [清] 李渔. 闲情偶寄 [M]. 北京：作家出版社，1995.

[34] [明] 张岱. 夜航船 陶庵梦忆 西湖梦寻 [M]. 成都：四川文艺出版社，1996.

[35] 张绮曼. 环境艺术设计与理论 [M]. 北京：中国建筑工业出版社，1996.

[36] 冯尔康. 中国古代的宗族与祠堂 [M]. 北京：商务印书馆，1996.

[37] 侯幼彬. 中国建筑美学 [M]. 哈尔滨：黑龙江科学技术出版社，1997.

[38] 黄仁宇. 中国大历史 [M]. 北京：生活·读书·新知三联书店，1997.

[39] 黄仁宇. 万历十五年 [M]. 北京：生活·读书·新知三联书店，1997.

[40] 陈同滨，吴东，越乡. 中国古典建筑室内装饰图 [M]. 北京：今日中国出版社，1998.

[41] 梁从诫. 林徽因文集·建筑卷 [M]. 天津：百花文艺出版社，1999.

[42] 周维权. 中国古典园林史（第2版）[M]. 北京：清华大学出版社，1999.

[43] 罗哲文，陈从周. 苏州古典园林 [M]. 苏州：古吴轩出版社，1999.

[44] 楼庆西. 中国古代建筑装饰 [M]. 北京：中国建筑工业出版社，1999.

[45] 萧默. 中国建筑艺术史 [M]. 北京：文物出版社，1999.

[46] 马炳坚. 北京四合院建筑 [M]. 天津：天津大学出版社，1999.

[47] 陆志荣. 清代家具 [M]. 上海：上海书店出版社，1999.

[48] 李砚祖. 工艺美术概论 [M]. 北京：中国轻工业出版社，1999.

[49] 刘致平著，王其明增补. 中国居住建筑简史——城市、住宅园林 [M]. 2版. 北京：中国建筑工业出版社，2000.

[50] 李约瑟. 中国科学技术史（第四卷第二分册）[M]. 上海：上海古籍出版社，1999.

[51] [清] 袁玫著，王英志校点. 随园诗话 [M]. 南京：凤凰出版社，2000.

[52] 王小舒. 中国审美文化史（元明清卷）[M]. 济南：山东画报出版社，2000.

[53] 戴逸，龚书铎. 中国通史（彩图版）（第四卷）[M]. 郑州：海燕出版社，2000.

[54] 王世襄主编. 清代匠作则例 [M]. 郑州：大象出版社，2000.

[55] [英] 爱德华・博克斯. 欧洲风化史：风流世纪 [M]. 侯焕闳译. 沈阳：辽宁教育出版社，2000.

[56] 李宗山. 中国家具史图说 [M]. 武汉：湖北美术出版社，2001.

[57] 潘谷西. 中国建筑史（第四版）[M]. 北京：中国建筑工业出版社，2001.

[58] 李泽厚. 美的历程 [M]. 桂林：广西师范大学出版社，2001.

[59] 李泽厚. 华夏美学 [M]. 桂林：广西师范大学出版社，2001.

[60] 李泽厚. 美学四讲 [M]. 桂林：广西师范大学出版社，2001.

[61] 蔡育天，钟永钧. 回眸——上海优秀近现代保护建筑 [M]. 上海：上海人民出版社，2001.

[62] [清] 李斗著，周春东注. 扬州画舫录 [M]. 济南：山东友谊出版社，2001.

[63] 陈志华. 外国造园艺术 [M]. 郑州：河南科学技术出版社，2001.

[64] [英] 朱迪斯・米勒. 装饰色彩 [M]. 李瑞君，茅蓓译. 北京：中国青年出版社，2002.

[65] 楼庆西. 中国古建筑二十讲 [M]. 北京：生活・读书・新知三联出版社，2001.

[66] [美] 费正清，赖肖尔. 中国：传统与变迁 [M]. 张沛，张源，顾思兼译. 北京：世界知识出版社，2002.

[67] 胡文彦. 中国家具文化 [M]. 石家庄：河北美术出版社，2002.

[68] 孙大章. 中国古代建筑史（第五卷）[M]. 北京：中国建筑工业出版社，2002.

[69] 沈从文. 花花朵朵 坛坛罐罐——沈从文谈艺术与文物 [M]. 南京：江苏美术出版社，2002.

[70] 乔匀，刘叙杰，傅熹年. 中国古代建筑 [M]. 北京：新世界出版社，2002.

[71] 陆元鼎，潘安著. 中国传统民居营造与技术 [M]. 广州：华南理工大学出版社，2002.

[72] 沈福煦，沈鸿明著. 中国建筑装饰艺术文化源流 [M]. 武汉：湖北教育出版社，2002.
[73] 张十庆著. 中国江南禅宗寺院建筑 [M]. 武汉：湖北教育出版社，2002.
[74] 杨慎初著. 中国书院文化与建筑 [M]. 武汉：湖北教育出版社，2002.
[75] 杨秉德著. 中国近代中西建筑文化交融史 [M]. 武汉：湖北教育出版社，2003.
[76] 张复合. 中国近代建筑研究与保护（三）[C]. 北京：清华大学出版社，2003.
[77] 张家骥. 中国建筑论 [M]. 太原：山西人民出版社，2003.
[78] 王其钧. 中国民间住宅建筑 [M]. 北京：机械工业出版社，2003.
[79] 苏州民族建筑学会，苏州园林发展股份有限公司. 苏州古典园林营造录 [M]. 北京：中国建筑工业出版社，2003.
[80] [法] 约翰・怀特海. 18世纪法国室内艺术 [M]. 杨俊蕾译. 桂林：广西师范大学出版社，2003.
[81] 何兆兴编. 老书院 [M]. 北京：人民美术出版社，2003.
[82] 何兆兴编. 老会馆 [M]. 北京：人民美术出版社，2003.
[83] 陈志华. 外国建筑史——19世纪末叶之前（第三版）[M]. 北京：中国建筑工业出版社，2004.
[84] 孙大章. 中国民居研究 [M]. 北京：中国建筑工业出版社，2004.
[85] 张复合. 北京近现代建筑史 [M]. 北京：清华大学出版社，2004.
[86] 刘畅. 慎修思永——从圆明园内檐装修研究到北京公馆室内设计 [M]. 北京：清华大学出版社，2004.
[87] 刘森林. 中国装饰——传统民居装饰意匠 [M]. 上海：上海大学出版社，2004.
[88] 李海清. 中国建筑的现代转型 [M]. 南京：东南大学出版社，2004.
[89] 王毅. 中国园林文化史 [M]. 上海：上海人民出版社，2004.
[90] 高丰. 中国设计史 [M]. 南宁：广西美术出版社，2004.
[91] [美] 孙隆基. 中国文化的深层结构 [M]. 桂林：广西师范大学出版社，2004.
[92] [明] 文震亨著，海军，田君注释. 长物志图说 [M]. 济南：山东画报出版社，2004.
[93] 朱家溍. 明清室内陈设 [M]. 北京：紫禁城出版社，2004.
[94] [美] 多米尼克・士风・李. 晚清华洋录 [M]. 李士风译. 上海：上海人民出版社，2004.

[95] 潘谷西，何建中.《营造法式》解读 [M]. 南京：东南大学出版社，2005.

[96] 李允鉌. 华夏意匠 [M]. 天津：天津大学出版社，2005.

[97] 汪荣祖. 追寻失落的圆明园 [M]. 钟志恒译. 苏州：江苏教育出版社，2005.

[98] 李治亭. 清康乾盛世 [M]. 苏州：江苏教育出版社，2005.

[99] 李瑞君，梁冰，张石红，涂山. 环境艺术设计 [M]. 北京：中国人民大学出版社，2005.

[100] 曹林娣. 中国园林文化 [M]. 北京：中国建筑工业出版社，2005.

[101] 梁思成. 中国建筑史 [M]. 天津：百花文艺出版社，2005.

[102] 张驭寰. 中国古建筑装饰讲座 [M]. 合肥：安徽教育出版社，2005.

[103] 朱启钤编，杨永生新编. 哲匠录 [M]. 北京：中国建筑工业出版社，2005.

[104] 赵琳. 魏晋南北朝室内环境艺术研究 [M]. 南京：东南大学出版社，2005.

[105] 刘先觉，陈泽成. 澳门建筑文化遗产 [M]. 南京：东南大学出版社，2005.

[106] 谢其章. 邓云乡讲北京 [M]. 北京：北京出版社，2005.

[107] 冯天瑜，何晓明，周积明. 中华文化史 [M]. 2版. 上海：上海人民出版社，2005.

[108] 冯尔康. 生活在清朝的人们：清代社会生活图记 [M]. 北京：中华书局，2005.

[109] 北京市西城区政协文史资料委员会. 府第寻踪 [C]. 北京：中国文史出版社，2006.

[110] 楼庆西. 乡土建筑装饰艺术 [M]. 北京：中国建筑工业出版社，2006.

[111] 王卫平. 明清时期江南社会史研究 [C]. 北京：群言出版社，2006.

[112] 恭王府管理中心. 清代王府及王府文化 [C]. 北京：文化艺术出版社，2006.

[113] 于倬云. 紫禁城宫殿 [M]. 北京：生活 · 读书 · 新知三联书店，2006.

[114] 陈植. 中国造园史 [M]. 北京：中国建筑工业出版社，2006.

[115] 胡德生. 明清宫廷家具大观（上、下）[M]. 北京：紫禁城出版社，2006.

[116] 刘森林. 中华陈设——传统民居室内设计 [M]. 上海：上海大学出版社，2006.

[117] 梁思成. 清式营造则例 [M]. 北京：清华大学出版社，2006.

[118] 梁思成. 建筑文萃 [M]. 北京：生活读书新知三联书店，2006.

[119] 张绮曼. 室内设计的风格样式与流派 [M]. 2版. 北京：中国建筑工业出版社，2006.

[120] 张国刚，吴莉苇. 启蒙时代欧洲的中国观——一个历史的巡礼与反思 [M]. 上海：上海古籍出版社，2006.

[121] 王振复. 中国建筑的文化历程 [M]. 上海：上海人民出版社，2006.
[122] 陈平原，夏晓虹. 图像晚清 [M]. 天津：百花文艺出版社，2006.
[123] 林永匡. 民国居住文化通史 [M]. 重庆：重庆出版社，2006.
[124] 郭广岚，宋良曦等著. 西秦会馆 [M]. 重庆：重庆出版社，2006.
[125] 孟晖. 花间十六声 [M]. 北京：生活・读书・新知三联书店，2006.
[126] 周纪文. 中华审美文化通史（明清卷）[M]. 合肥：安徽教育出版社，2006.
[127] 孙大章. 中国古代建筑彩画 [M]. 北京：中国建筑工业出版社，2006.
[128] 楼宇烈，刘勇强. 中华文明史（第四卷）[M]. 北京：北京大学出版社，2006.
[129] [英] 苏利文. 艺术中国 [M]. 徐坚译. 长沙：湖南教育出版社，2006.
[130] 曲利明，何葆国. 中国土楼 [M]. 福州：海潮摄影出版社，2006.
[131] 朱良志. 中国美学十五讲 [M]. 北京：北京大学出版社，2006.
[132] 张道一，唐家路. 中国古代建筑・石雕 [M]. 南京：江苏美术出版社，2006.
[133] 张道一，唐家路. 中国古代建筑・砖雕 [M]. 南京：江苏美术出版社，2006.
[134] 张道一，唐家路. 中国古代建筑・木雕 [M]. 南京：江苏美术出版社，2006.
[135] 陈志华. 中国造园艺术在欧洲的影响 [M]. 济南：山东画报出版社，2006.
[136] 王贵祥. 东西方的建筑空间 [M]. 天津：百花文艺出版社，2006.
[137] 张国刚，吴莉苇. 中西文化关系史 [M]. 北京：高等教育出版社，2006.
[138] 庄裕光，胡石. 中国古代建筑装饰・装修 [M]. 南京：江苏美术出版社，2007.
[139] 庄裕光，胡石. 中国古代建筑装饰・彩画 [M]. 南京：江苏美术出版社，2007.
[140] 庄裕光，胡石. 中国古代建筑装饰・雕刻 [M]. 南京：江苏美术出版社，2007.
[141] 吴美凤. 盛清家具形制流变研究 [M]. 北京：紫禁城出版社，2007.
[142] 高巍. 四合院 [M]. 北京：学苑出版社，2007.
[143] 荣浪. 山西会馆 [M]. 北京：当代中国出版社，2007.
[144] 陈伯超，杜玉顺. 盛京宫殿建筑 [M]. 北京：中国建筑工业出版社，2007.
[145] 郑欣淼，朱诚如. 中国紫禁城学会论文集（第五集）（上、下）[C]. 北京：紫禁城出版社，2007.
[146] 于倬云. 故宫建筑图典 [M]. 北京：紫禁城出版社，2007.

[147] 故宫博物院古建筑管理部. 故宫建筑内檐装修 [M]. 北京：紫禁城出版社，2007.

[148] 故宫博物院. 明清宫廷家具 [M]. 北京：紫禁城出版社，2007.

[149] 洪振快. 红楼梦古画录 [M]. 北京：人们文学出版社，2007.

[150] 回顾. 中国图案史 [M]. 北京：人民美术出版社，2007.

[151] [意] 马可波罗. 马可波罗行记 [M]. 冯承钧译. 北京：东方出版社，2007.

[152] [法] 佩雷菲特. 停滞的帝国——两个世界的撞击 [M]. 3版. 王国卿，等译. 北京：生活 · 读书 · 新知三联书店，2007.

[153] [英] 弗兰克 · 韦尔什. 香港史. 王皖强，黄亚红译 [M]. 北京：中央编译出版社，2007.

[154] 郑曦原. 帝国的回忆——《纽约时报》晚清观察记1854 - 1911 [C]. 北京：当代中国出版社，2007.

[155] 王美英. 明清长江中下游地区的风俗与社会变迁 [M]. 武汉：武汉大学出版社，2007.

[156] 赖德霖. 中国近代建筑史研究 [M]. 北京：清华大学出版社，2007.

[157] 彭吉象. 中国艺术学 [M]. 北京：北京大学出版社，2007.

[158] [美] 约翰 · 派尔. 世界室内设计史 [M]. 刘先觉，陈宇琳等译. 北京：中国建筑工业出版社，2007.

[159] 河南省古代建筑保护研究所. 文物建筑（第1辑）[C]. 北京：科学出版社，2007.

[160] 宋大川，夏连保. 清代园寝制度研究（上下册）[M]. 北京：文物出版社，2007.

[161] 方海. 现代家具设计中的中国主义 [M]. 北京：中国建筑工业出版社，2007.

[162] 郭恩慈，苏珏. 中国现代设计的诞生 [M]. 上海：东方出版中心，2008.

[163] 张钦楠. 中国古代建筑师 [M]. 北京：生活 · 读书 · 新知三联书店，2008.

[164] 巫仁恕. 品味奢华——晚明的消费社会与士大夫 [M]. 北京：中华书局，2008.

[165] 李瑞君. 环境艺术设计概论 [M]. 北京：中国电力出版社，2008.

[166] 雷从云，陈绍棣，林秀贞. 中国宫殿史 [M]. 天津：百花文艺出版社，2008.

[167] 李瑞君. 环境艺术设计十论 [M]. 北京：中国电力出版社，2008.

[168] 林语堂. 大城北京 [M]. 西安：山西师范大学出版社，2008.

[169] 阎崇年. 中国古都北京 [M]. 北京：中国民主法治出版社，2008.

[170] 中国民族建筑研究会编. 中国民族建筑研究 [C]. 北京：中国建筑工业出版社，2008.

[171]　吕超．东方帝都：西方文化视野中的北京形象 [M]．济南：山东画报出版社，2008.

[172]　李合群．中国古代建筑文献选读 [C]．武汉：华中科技大学出版社，2008.

[173]　张彤．蒙古民族毡庐文化 [M]．北京：文物出版社，2008.

[174]　赵其昌．京华集 [C]．北京：文物出版社，2008.

[175]　伍江．上海百年建筑史1840－1949（第二版）[M]．上海：同济大学出版社，2008.

[176]　谭刚毅．两宋时期的中国民居与居住形态 [M]．南京：东南大学出版社，2008.

[177]　李穗梅．帕内建筑艺术与近代岭南社会 [M]．广州：广东人民出版社，2008.

[178]　萧放．中国民俗史（明清卷）[M]．北京：人民出版社，2008.

[179]　[英] 史蒂文·帕里西恩．室内设计演义 [M]．程玺等译．北京：电子工业出版社，2012.

[180]　[英] 休·昂纳．中国风：遗失在西方800年的中国元素 [M]．刘爱英，秦红译．北京：北京大学出版社，2017.

[181]　Carolle Thibaut-pomerantz．Wallpaper-A history of style and trends [M]．Paris：Flammarion，2009.

[182]　Genevi è ve Brunet．The wallpaper book [M]．London：Themes & Hudson Ltd，2012.

[183]　华天舒．唐代室内环境艺术初探（硕士论文）[D]．南京：东南大学建筑系，1995.

[184]　贾珺．清代离宫御园朝寝空间研究（博士论文）[D]．北京：清华大学建筑学院，2001.

[185]　王树良．文心匠意——晚明江南文人居室陈设思想研究（博士论文）[D]．北京：清华大学美术学院，2006.

[186]　朱力．崇实厚生·回归自我——中国明代室内设计研究（博士论文）[D]．北京：中央美术学院建筑学院，2007.

论文类

[1]　傅衣凌．明清封建各阶级的社会构成 [J]．中国社会经济史研究，1982，1.

[2]　陆燕贞．储秀宫 [J]．紫禁城，1982，2.

[3]　方咸孚．乾隆时期的建筑活动与成就 [J]．古建园林技术，1984，4.

[4]　朱家溍．雍正年的家具制造考 [J]．北京：故宫博物院院刊，1985，3.

[5]　陈茂山．试论明代中后期的社会风气 [J]．史学集刊，1989，4.

[6] 赖德霖. 中国近代第一位建筑家张锳绪和他的著作《建筑新法》[J]. 建筑师，1994，10.
[7] 陈劲勇. 对李渔《一家言居室器玩部》中传统住宅室内陈设艺术理论与设计的评析 [J]. 北京建筑工程学院学报，1995，1.
[8] 王贵祥. 关于建筑史研究的几点思考 [J]. 建筑师，1996，2.
[9] 罗筠筠. 雅俗互补 趣味多元：明代审美文化的特点 [J]. 北京社会科学，1997，2.
[10] 李兴元. 江南居住文化思考 [J]. 建筑师，1997，10.
[11] 李砚祖. 环境艺术设计：一种生活的艺术观——明清环境艺术设计思想与陈设思想简论 [J]. 文艺研究，1998，6.
[12] 王毅. 传统结构艺术的完善与危机——读《明式家具珍赏》[J]. 读书，1998，4.
[13] 刘凤云. 明清时期地方官衙浅论——兼论城市空间文化 [J] . 故宫博物院院刊，2002，1.
[14] 刘畅. 清帝处理政务的殿宇及其内檐装修格局 [J]. 故宫博物院院刊，2002，5.
[15] 钟筱涵. 论李渔的自适人生观 [J]. 华南师范大学学报（社会科学版），2002，5.
[16] 朱家溍.《清代家具》序 [J]. 故宫博物院院刊，2002，2.
[17] 朱诚如. 论清前期的历史走向 [J]. 故宫博物院院刊，2002，2.
[18] 陈义海. 中西实学之辩——明清间来华耶稣会士对中国文化的影响 [J]. 上海大学学报（哲学社会科学版），2003，1.
[19] 李瑞君. 明式家具与简约主义 [J]. 经典，2003，1.
[20] 王鸿泰. 闲情雅致——明清间文人的生活经营与品赏文化 [J]. 故宫学术季刊，第22卷第1期.
[21] 高换婷，秦国经. 清代宫廷建筑的管理制度及有关档案文献研究 [J]. 故宫博物院院刊，2005，10.
[22] 李瑞君. 在功能中寻求美感 [J]. 中国建筑装饰装修，2007，10.
[23] 樊炎冰，张国雄. 开平雕楼与村落 [J]. 住区，2007，5.
[24] 李瑞君. 北京四合院式居住环境的营造 [J]. 美苑，2008，3.
[25] 李瑞君. 北京四合院式居住环境的嬗变 [J]. 装饰，2008，4.

后记

本书是在本人博士论文的基础上完善、补充完成的。其中，最大的变化是增加了有关“清代时期中西室内设计文化的交融与影响”的内容，同时对其他章节做了修订和补充。

博士论文是在导师张绮曼先生的悉心指导下完成的，从论文选题到论文完成的整个过程都凝结着先生的心血。如果说本文的成果能够填补国内该领域的研究空白，对中国室内环境营造历史的研究有所裨益的话，都应该归功于先生在理论上的视界和高屋建瓴。导师严谨的治学态度、与时俱进的学术意识、强烈的社会责任，以及率真的人品、开朗的性格，对我产生了很大的影响。导师开拓的视野、渊博的知识和敏锐的思维给我以深深的启迪，使我受益终身。

在博士论文的答辩过程中，中央美术学院的王宏建教授和罗世平教授、清华大学美术学院的李砚祖教授和张夫也教授都对课题提出了建设性的意见，并对课题后续研究的深入和拓展给出了建议。

另外需要提及的是，本课题的后续研究得到北京市社会科学基金的资助，第八章的内容“欧洲室内环境营造中的中国趣味”即为北京市社会科学基金资助的重点项目（项目编号：SZ20171001210）《清代时期中西室内设计文化的交融与影响》的研究成果。

李瑞君

于水星园

2019 年 12 月